中外哲學典籍大全

總主編　李鐵映　王偉光

中國哲學典籍卷

孝經學

經部孝經類

曹元弼　著
宮志翀　點校

中國社会科学出版社

圖書在版編目（CIP）數據

孝經學 / 宫志翀點校．—北京：中國社會科學出版社，2020.9
（中外哲學典籍大全．中國哲學典籍卷）
ISBN 978－7－5203－5611－4

Ⅰ．①孝…　Ⅱ．①宫…　Ⅲ．①家庭道德—中國—古代
②《孝經》—研究　Ⅳ．①B823.1

中國版本圖書館 CIP 數據核字（2019）第 255931 號

出 版 人　趙劍英
項目統籌　王　茵
責任編輯　宋燕鵬
責任校對　鄭　彤
責任印製　王　超

出　　版　中国社会科学出版社
社　　址　北京鼓樓西大街甲 158 號
郵　　編　100720
網　　址　http://www.csspw.cn
發 行 部　010－84083685
門 市 部　010－84029450
經　　銷　新華書店及其他書店

印　　刷　北京君昇印刷有限公司
裝　　訂　廊坊市廣陽區廣增裝訂廠
版　　次　2020 年 9 月第 1 版
印　　次　2020 年 9 月第 1 次印刷

開　　本　710×1000　1/16
印　　張　10.25
字　　數　112 千字
定　　價　39.00 元

中外哲學典籍大全

學術委員會

總序

中外哲學典籍大全的編纂，是一項既有時代價值又有歷史意義的重大工程。

中華民族經過了近一百八十年的艱苦奮鬥，迎來了中國近代以來最好的發展時期，迎來了奮力實現中華民族偉大復興的時期。中華民族衹有總結古今中外的一切思想成就，才能並肩世界歷史發展的大勢。爲此，我們須編纂一部匯集中外古今哲學典籍的經典集成，爲中華民族的偉大復興、爲人類命運共同體的建設、爲人類社會的進步，提供哲學思想的精粹。

哲學是思想的花朵，文明的靈魂，精神的王冠。一個國家、民族，要興旺發達，擁有光明的未來，就必須擁有精深的理論思維，擁有自己的哲學。哲學是推動社會變革和發展的理論力量，是激發人的精神砥石。哲學解放思維，净化心靈，照亮前行的道路。偉大的時代需要精邃的哲學。

一　哲學是智慧之學

哲學是什麼？這既是一個古老的問題，又是哲學永恒的話題。追問哲學是什麼，本身就是「哲學」問題。從哲學成爲思維的那一天起，哲學家們就在不停追問中發展、豐富哲學的篇章，給出一個又一個答案。每個時代的哲學家對這個問題都有自己的詮釋。哲學是什麼，是懸疑在人類智慧面前的永恒之問，這正是哲學之爲哲學的基本特點。

哲學是全部世界的觀念形態，精神本質。人類面臨的共同問題，是哲學研究的根本對象。本體論、認識論、世界觀、人生觀、價值觀、實踐論、方法論等，仍是哲學的基本問題和生命力所在！哲學研究的是世界萬物的根本性、本質性問題。人們可以給哲學做出許多具體定義，但我們可以嘗試用「遮詮」的方式描述哲學的一些特點，從而使人們加深對何爲哲學的認識。

哲學不是玄虛之觀。哲學來自人類實踐，關乎人生。哲學對現實存在的一切追根究底、「打破砂鍋問到底」。它不僅是問「是什麽」（being），而且主要是追問「爲什麽」（why），特别是追問「爲什麽的爲什麽」。它關注整個宇宙，關注整個人類的命運，關注人生。它關心柴米油鹽醬醋茶和人的生命的關係，關心人工智能對人類社會的挑戰。哲學是對一切實踐經驗的理論升華，它關心具體現象背後的根據，關心人類如何會更好。

哲學是在根本層面上追問自然、社會和人本身，以徹底的態度反思已有的觀念和認識，從價值理想出發把握生活的目標和歷史的趨勢，展示了人類理性思維的高度，凝結了民族進步的智慧，寄託了人們熱愛光明、追求真善美的情懷。道不遠人，人能弘道。哲學是把握世界、洞悉未來的學問，是思想解放、自由的大門！

古希臘的哲學家們被稱爲「望天者」，亞里士多德在形而上學一书中説，「最初人們通過好奇—驚讚來做哲學」。如果説知識源於好奇的話，那麽産生哲學的好奇心，必須是大好奇心。這種「大好奇心」衹爲一件「大事因緣」而來，所謂大事，就是天地之間一切事物的「爲什麽」。哲學精神，是「家事、國事、天下事，事事要問」，是一種永遠追問的精神。

哲學不祇是思維。哲學將思維本身作爲自己的研究對象，對思想本身進行反思。哲學不是一般的知識體系，而是把知識概念作爲研究的對象，追問「什麼才是知識的真正來源和根據」。哲學的「非對象性」的思想方式，不是「純形式」的推論原則，而有其「非對象性」之對象。哲學之對象乃是不斷追求真理，是一個理論與實踐兼而有之的過程，是認識的精粹。哲學追求真理的過程本身就顯現了哲學的本質。天地之浩瀚，變化之奧妙，正是哲思的玄妙之處。

哲學不是宣示絶對性的教義教條，哲學反對一切形式的絶對。哲學解放束縛，意味著從一切思想教條中解放人類自身。哲學給了我們徹底反思過去的思想自由，給了我們深刻洞察未來的思想能力。哲學就是解放之學，是聖火和利劍。

哲學不是一般的知識。哲學追求「大智慧」。佛教講「轉識成智」，識與智相當於知識與哲學的關係。一般知識是依據於具體認識對象而來的、有所依有所待的「識」，而哲學則是超越於具體對象之上的「智」。

公元前六世紀，中國的老子說，「大方無隅，大器晚成，大音希聲，大象無形，道隱無名。夫唯道，善貸且成」。又說，「反者道之動，弱者道之用。天下萬物生於有，有生於無」。對道的追求就是對有之爲有、無形無名的探究，就是對天地何以如此的探究。這種追求，使得哲學具有了天地之大用，具有了超越有形有名之有限經驗的大智慧。這種大智慧、大用途，超越一切限制的籬笆，達到趨向無限的解放能力。

哲學不是經驗科學，但又與經驗有聯繫。哲學從其作爲學問誕生起，就包含於科學形態之中，是以科學形態出現的。哲學是以理性的方式、概念的方式、論证的方式來思考宇宙人生的根本問題。在亞里士多德那裏，凡是研究實體（ousia）的學問，都叫作「哲學」。而「第一實體」則是存在者中的「第一個」。研究第一實體的學問稱爲「神學」，也就是「形而上學」，這正是後世所謂「哲學」。一般意義上的科學正是從「哲學」最初的意義上贏得自己最原初的規定性的。哲學雖然不是經驗科學，却爲科學劃定了意義的範圍、指明了方向。哲學最後必定指向宇宙人生的根本問題，大科學家的工作在深層意義上總是具有哲學的意味，牛頓和愛因斯坦就是這樣的典範。

哲學不是自然科學，也不是文學藝術，但在自然科學的前頭，哲學的道路展現了；在文學藝術的山頂，哲學的天梯出現了。哲學不斷地激發人的探索和創造精神，使人在認識世界的過程中，不斷達到新境界，在改造世界中從必然王國到達自由王國。

哲學不斷從最根本的問題再次出發。哲學史在一定意義上就是不斷重構新的世界觀、認識人類自身的歷史。哲學的歷史呈現，正是對哲學的創造本性的最好説明。哲學史上每一位哲學家對根本問題的思考，都在爲哲學添加新思維、新向度，猶如爲天籟山上不斷增添一隻隻黄鸝翠鳥。

如果説哲學是哲學史的連續展現中所具有的統一性特徵，那麽這種「一」是在「多」個哲學的創造中實現的。如果説每一種哲學體系都追求一種體系性的「一」的話，那麽每種「一」的體系之間都存在着千絲相聯、多方組合的關係。這正是哲學史昭示於我們的哲學多樣性的意義。多樣性與統一性的依存關係，正是哲學尋求現象與本質、具體與普遍相統一的辯證之意義。

哲學的追求是人類精神的自然趨向，是精神自由的花朵。哲學是思想的自由，是自由的思想。

中國哲學，是中華民族五千年文明傳統中，最爲内在的、最爲深刻的、最爲持久的精神追求和價值觀表達。中國哲學已經化爲中國人的思維方式、生活態度、道德準則、人生追求、精神境界。中國人的科學技術、倫理道德，小家大國、中醫藥學、詩歌文學、繪畫書法、武術拳法、鄉規民俗，乃至日常生活也都浸潤着中國哲學的精神。華夏文化雖歷經磨難而能够透魄醒神，堅韌屹立，正是來自於中國哲學深邃的思維和創造力。

先秦時代，老子、孔子、莊子、孫子、韓非子等諸子之間的百家争鳴，就是哲學精神在中國的展現，是中國人思想解放的第一次大爆發。兩漢四百多年的思想和制度，是諸子百家思想在争鳴過程中大整合的結果。魏晋之際，玄學的發生，則是儒道冲破各自藩籬，彼此互動互補的結果，形成了儒家獨尊的態勢。隋唐三百年，佛教深入中國文化，又一次帶來了思想的大融合和大解放，禪宗的形成就是這一融合和解放的結果。兩宋三百多年，中國哲學迎來了第三次大解放。儒釋道三教之間的互潤互持日趨深入，朱熹的理學和陸象山的心學，就是這一思想潮流的哲學結晶。

與古希臘哲學强調沉思和理論建構不同，中國哲學的旨趣在於實踐人文關懷，它更關注實踐的義理性意義。中國哲學當中，知與行從未分離，中國哲學有着深厚的實踐觀點和生活觀點，倫理道德觀是中國人的貢獻。馬克思説，「全部社會生活在本質上是實踐的」，實踐的觀點、生活的觀點也正是馬克思主義認識論的基本觀點。這種哲學上的契合性，正是馬克思主義能够在中國扎根並不斷中國化的哲學原因。

「實事求是」是中國的一句古話。今天已成爲深邃的哲理，成爲中國人的思維方式和行爲基準。實事求是就是解放思想，解放思想就是實事求是。實事求是毛澤東思想的精髓，是改革開放的基石。只有解放思想才能實事求是。實事求是就是中國人始終堅持的哲學思想。實事求是就是依靠自己，走自己的道路，反對一切絶對觀念。所謂中國化就是一切從中國實際出發，一切理論必須符合中國實際。

二　哲學的多樣性

實踐是人的存在形式，是哲學之母。實踐是思維的動力、源泉、價值、標準。人們認識世界、探索規律的根本目的是改造世界，完善自己。哲學問題的提出和回答，都離不開實踐。馬克思有句名言：「哲學家們只是用不同的方式解釋世界，而問題在於改變世界！」理論只有成爲人的精神智慧，才能成爲改變世界的力量。

哲學關心人類命運。時代的哲學，必定關心時代的命運。對時代命運的關心就是對人類實踐和命運的關心。人在實踐中産生的一切都具有現實性。哲學的實踐性必定帶來哲學的現實性。哲學的現實性就是强調人在不斷回答實踐中各種問題時應該具有的態度。

哲學作爲一門科學是現實的。哲學是一門回答並解釋現實的學問，哲學是人們聯繫實際、面對現實的思想。可以説哲學是現實的最本質的理論，也是本質的最現實的理論。哲學始終追問現實的發展和變化。哲學存在於實踐中，也必定在現實中發展。哲學的現實性要求我們直面實踐本身。

哲學不是簡單跟在實踐後面，成爲當下實踐的「奴僕」，而是以特有的深邃方式，關注着實踐的發展，提升人的實踐水平，爲社會實踐提供理論支撑。從直接的、急功近利的要求出發來理解和從事哲學，無異於向哲學提出它本身不可能完成的任務。哲學是深沉的反思，厚重的智慧，事物的抽象，理論的把握。哲學是人類把握世界最深邃的理論思維。

哲學是立足人的學問，是人用於理解世界、把握世界、改造世界的智慧之學。「民之所好，好之，民之所惡，惡之。」哲學的目的是爲了人。用哲學理解外在的世界，理解人本身，也是爲了用哲學改造世界、改造人。哲學研究無禁區，無終無界，與宇宙同在，與人類同在。

存在是多樣的，發展是多樣的，這是客觀世界的必然。宇宙萬物本身是多樣的存在，多樣的變化。歷史表明，每一民族的文化都有其獨特的價值。文化的多樣性是自然律，是動力，是生命力。各民族文化之間的相互借鑒，補充浸染，共同推動著人類社會的發展和繁榮，這是規律。對象的多樣性、複雜性，決定了哲學的多樣性；即使對同一事物，人們也會産生不同的哲學認識，形成不同的哲學派别。哲學觀點、思潮、流派及其表現形式上的區别，來自於哲學的時代性、地域性和民族性的差异。世界哲學是不同民族的哲學的薈萃，如中國哲學、西方哲學、阿拉伯哲學等。多樣性構成了世界，百花齊放形成了花園。不同的民族會有不同風格的哲學。恰恰是哲學的民族性，使不同的哲學都可以在世界舞臺上演繹出各種「戲劇」。即使有類似的哲學觀點，在實踐中的表達和運用也會各有特色。

人類的實踐是多方面的，具有多樣性、發展性，大體可以分爲：改造自然界的實踐，改造人類社會的實踐，完善人本身的實踐，提升人的精神世界的精神活動。人是實踐中的人，實踐是人的生命的第一屬性。實踐的社會性决定了哲學的社會性，哲學不是脱離社會現實生活的某種遐想，而是社會現實生活的觀念形態，是文明進步的重要標誌，是人的發展水平的重要維度。哲學的發展狀况，反映着一個社會人的理性成熟程度，反映著這個社會的文明程度。

哲學史實質上是自然史、社會史、人的發展史和人類思維史的總結和概括。自然界是多樣的，社會是多樣的，人類思維是多樣的。所謂哲學的多樣性，就是哲學基本觀念、理論學説、方法的異同，是哲學思維方式上的多姿多彩。哲學的多樣性是哲學的常態，是哲學進步、發展和繁榮的標誌。哲學是人的哲學，哲學是人對事物的自覺，是人對外界和自我認識的學問，也是人把握世界和自我的學問。哲學的多樣性，是哲學的常態和必然，是哲學發展和繁榮的内在動力。一般是普遍性，特色也是普遍性。從單一性到多樣性，從簡單性到複雜性，是哲學思維的一大變革。用一種哲學話語和方法否定另一種哲學話語和方法，這本身就不是哲學的態度。

多樣性並不否定共同性、統一性、普遍性。物質和精神，存在和意識，一切事物都是在運動、變化中的，是哲學的基本問題，也是我們的基本哲學觀點！

當今的世界如此紛繁複雜，哲學多樣性就是世界多樣性的反映。哲學是以觀念形態表現出的現實世界。哲學的多樣性，就是文明多樣性和人類歷史發展多樣性的表達。多樣性是宇宙之道。

哲學的實踐性、多樣性，還體現在哲學的時代性上。哲學總是特定時代精神的精華，是一定歷史條件下人的反思活動的理論形態。在不同的時代，哲學具有不同的内容和形式，哲學的多樣性，也是歷史時代多樣性的表達。哲學的多樣性也會讓我們能够更科學地理解不同歷史時代，更爲内在地理解歷史發展的道理。多樣性是歷史之道。

哲學之所以能發揮解放思想的作用，在於它始終關注實踐，關注現實的發展；在於它始終關注著科學技術的進步。哲學本身没有絶對空間，没有自在的世界，只能是客觀世界的映象，觀念形態。没有了現實性，哲學就遠離人，就離開了存在。哲學的實踐性，説到底是在説明哲學本質上是人的哲學，是人的思維，是爲了人的科學！哲學的實踐性、多樣性告訴我們，哲學必須百花齊放、百家争鳴。哲學的發展首先要解放自己，解放哲學，就是實現思維、觀念及範式的變革。人類發展也必須多塗並進，交流互鑒，共同繁榮。采百花之粉，才能釀天下之蜜。

三　哲學與當代中國

中國自古以來就有思辨的傳統，中國思想史上的百家争鳴就是哲學繁榮的史象。哲學是歷史發展的號角。中國思想文化的每一次大躍升，都是哲學解放的結果。中國古代賢哲的思想傳承至今，他們的智慧已浸入中國人的精神境界和生命情懷。

中國共産黨人歷來重視哲學，毛澤東在一九三八年，在抗日戰争最困難的條件下，在延安研究哲學，創作了實踐論和矛盾論，推動了中國革命的思想解放，成爲中國人民的精神力量。

中華民族的偉大復興必將迎來中國哲學的新發展。當代中國必須有自己的哲學，當代中國的哲學必須要從根本上講清楚中國道路的哲學道理。中華民族的偉大復興必須要有哲學的思維，必須要有不斷深入的反思。發展的道路，就是哲思的道路，文化的自信，就是哲學思維的自信。哲學是引領者，可謂永恒的「北斗」，哲學是時代的「火焰」，是時代最精緻最深刻的「光芒」。從社會變革的意義上説，任何一次巨大的社會變革，總是以理論思維爲先導。理論的變革，總是以思想觀念的空前解放爲前提，而「吹響」人類思想解放第一聲「號角」的，往往就是代表時代精神精華的哲學。社會實踐對於哲學的需求可謂「迫不及待」，因爲哲學總是「吹響」這個新時代的「號角」。「吹響」中國改革開放之

「號角」的，正是「解放思想」「實踐是檢驗真理的唯一標準」「不改革死路一條」等哲學觀念。「吹響」新時代「號角」的是「中國夢」，「人民對美好生活的向往，就是我們奮鬥的目標」。發展是人類社會永恒的動力，變革是社會解放的永遠的課題，思想解放，解放思想是無盡的哲思。中國正走在理論和實踐的雙重探索之路上，搞探索没有哲學不成！

中國哲學的新發展，必須反映中國與世界最新的實踐成果，必須反映科學的最新成果，必須具有走向未來的思想力量。今天的中國人所面臨的歷史時代，是史無前例的。十三億人齊步邁向現代化，這是怎樣的一幅歷史畫卷！是何等壯麗、令人震撼！不僅中國歷史上亘古未有，在世界歷史上也從未有過。當今中國需要的哲學，是結合天道、地理、人德的哲學，是整合古今中西的哲學，只有這樣的哲學才是中華民族偉大復興的哲學。

當今中國需要的哲學，必須是適合中國的哲學。無論古今中外，再好的東西，也需要再吸收，再消化，必須要經過現代化和中國化，才能成爲今天中國自己的哲學。哲學是解放人的，哲學自身的發展也是一次思想解放，也是人的一个思維升華、羽化的過程。中國人的思想解放，總是隨著歷史不斷進行的。歷史有多長，思想解放的道路就有多長；發展進步是永恒的，思想解放也是永無止境的，思想解放就是哲學的解放。

習近平說，思想工作就是「引導人們更加全面客觀地認識當代中國、看待外部世界」。這就需要我們確立一種「知己知彼」的知識態度和理論立場，而哲學則是對文明價值核心最精練和最集中的深邃性表達，有助於我們認識中國、認識世界。立足中國、認識中國，需要我們審視我們走過的道路，立足中國、認識世界，需要我們觀察和借鑒世界歷史上的不同文化。中國「獨特的文化傳統」、中國「獨特的歷史命運」、中國「獨特的基本國情」，「決定了我們必然要走適合自己特點的發展道路」。一切現實的，存在的社會制度，其形態都是具體的，都是特色的，都必須是符合本國實際的。抽象的制度，普世的制度是不存在的。同時，我們要全面客觀地「看待外部世界」。研究古今中外的哲學，是中國認識世界、認識人類史，認識自己未來發展的必修課。今天中國的發展不僅要讀中國書，還要讀世界書。不僅要學習自然科學、社會科學的經典，更要學習哲學的經典。當前，中國正走在實現「中國夢」的「長征」路上，這也正是一條思想不斷解放的道路！要回答中國的問題，解釋中國的發展，首先需要哲學思維本身的解放。哲學的發展，就是哲學的解放，這是由哲學的實踐性、時代性所決定的。哲學無禁區、無疆界。哲學是關乎宇宙之精神，是關乎人類之思想。哲學將與宇宙、人類同在。

四　哲學典籍

中外哲學典籍大全的編纂，是要讓中國人能研究中外哲學經典，吸收人類精神思想的精華；是要提升我們的思維，讓中國人的思想更加理性、更加科學、更加智慧。

中國有盛世修典的傳統。中國古代有多部典籍類書（如「永樂大典」「四庫全書」等），在新時代編纂中外哲學典籍大全，是我們的歷史使命，是民族復興的重大思想工程。

只有學習和借鑒人類精神思想的成就，才能實現我們自己的發展，走向未來。中外哲學典籍大全的編纂，就是在思維層面上，在智慧境界中，繼承自己的精神文明，學習世界優秀文化。這是我們的必修課。

不同文化之間的交流、合作和友誼，必須達到哲學層面上的相互認同和借鑒。哲學之間的對話和傾聽，才是從心到心的交流。中外哲學典籍大全的編纂，就是在搭建心心相通的橋樑。

我們編纂這套哲學典籍大全，一是中國哲學，整理中國歷史上的思想典籍，濃縮中國思想史上的精華；二是外國哲學，主要是西方哲學，吸收外來，借鑒人類發展的優秀哲學成果；三是馬克思主義哲學，展示馬克思主義哲學中國化的成就；四是中國近現代以來的哲學成果，特別是馬克思主義在中國的發展。

編纂這部典籍大全，是哲學界早有的心願，也是哲學界的一份奉獻。中外哲學典籍大全總結的是書本上的思想，是先哲們的思維，是前人的足迹。我們希望把它們奉獻給後來人，使他們能够站在前人肩膀上，站在歷史岸邊看待自己。

中外哲學典籍大全的編纂，是以「知以藏往」的方式實現「神以知來」；中外哲學典籍大全的編纂，是通過對中外哲學歷史的「原始反終」，從人類共同面臨的根本大問題出發，在哲學生生不息的道路上，綵繪出人類文明進步的盛德大業！

發展的中國，既是一個政治、經濟大國，也是一個文化大國，也必將是一個哲學大國、思想王國。人類的精神文明成果是不分國界的，哲學的邊界是實踐，實踐的永恒性是哲學的永續綫性，打開胸懷擁抱人類文明成就，是一個民族和國家自强自立，始終佇立於人類文明潮頭的根本條件。

擁抱世界，擁抱未來，走向復興，構建中國人的世界觀、人生觀、價值觀、方法論，這是中國人的視野、情懷，也是中國哲學家的願望！

李鐵映

二〇一八年八月

「中國哲學典籍卷」

序

中國古無「哲學」之名，但如近代的王國維所說，「哲學爲中國固有之學」。「哲學」的譯名出自日本啓蒙學者西周，他在一八七四年出版的百一新論中說：「將論明天道人道，兼立教法的philosophy譯名爲哲學。」自「哲學」譯名的成立，「philosophy」或「哲學」就已有了東西方文化交融互鑒的性質。

「philosophy」在古希臘文化中的本義是「愛智」，而「哲學」的「哲」在中國古經書中的字義就是「智」或「大智」。孔子在臨終時慨嘆而歌：「泰山壞乎！梁柱摧乎！哲人萎乎！」（史記孔子世家）「哲人」在中國古經書中釋爲「賢智之人」，而在「哲學」譯名輸入中國後即可稱爲「哲學家」。

哲學是智慧之學，是關於宇宙和人生之根本問題的學問。對此，中西或中外哲學是共同的，因而哲學具有世界人類文化的普遍性。但是，正如世界各民族文化既有世界的普遍性，也有民族的特殊性，所以世界各民族哲學也具有不同的風格和特色。如果說「哲學」是個「共名」或「類稱」，那麼世界各民族哲學就是此類中不同的「特例」。這是哲學的普遍性與多樣性的統一。

在中國哲學中，關於宇宙的根本道理稱爲「天道」，關於人生的根本道理稱爲「人道」，中國哲學的一個貫穿始終的核心問題就是「究天人之際」。一般說來，天人關係問題是中外哲學普遍探索的問題，而中國哲學的「究天人之際」具有自身的特點。

亞里士多德曾說：「古今來人們開始哲學探索，都應起於對自然萬物的驚異……這類學術研究的開始，都在人生的必需品以及使人快樂安適的種種事物幾乎全都獲得了以後。」「這些知識最先出現於人們開始有閒暇的地方。」這是說的古希臘哲學的一個特點，是與當時古希臘的社會歷史發展階段及其貴族階層的生活方式相聯繫的。與此不同，中國哲學是產生於士人在社會大變動中的憂患意識，爲了求得社會的治理和人生的安頓，他們大多「席不暇暖」地周遊列國，宣傳自己的社會主張。這就決定了中國哲學在「究天人之際」

中首重「知人」，在先秦「百家争鳴」中的各主要流派都是「務爲治者也，直所從言之異路，有省不省耳」（史記太史公自序）。

中國哲學與其他民族哲學所不同者，還在於中國數千年文化一直生生不息而未嘗中斷，中國文化在世界歷史的「軸心時期」所實現的哲學突破也是采取了極温和的方式。這主要表現在孔子的「祖述堯舜，憲章文武」，删述六經，對中國上古的文化既有連續性的繼承，又經編纂和詮釋而有哲學思想的突破。因此，由孔子及其後學所編纂和詮釋的上古經書就以「先王之政典」的形式不僅保存下來，而且在此後中國文化的發展中居於統率的地位。

據近期出土的文獻資料，先秦儒家在戰國時期已有對「六經」的排列，「六經」作爲一個著作群受到儒家的高度重視。至漢武帝「罷黜百家，表章六經」，遂使「六經」以及儒家的經學確立了由國家意識形態認可的統率地位。漢書藝文志著録圖書，爲首的是「六藝略」，其次是「諸子略」「詩賦略」「兵書略」「數術略」和「方技略」，這就體現了以「六經」統率諸子學和其他學術。這種圖書分類經幾次調整，到了隋書經籍志乃正式形成「經、史、子、集」的四部分類，此後保持穩定而延續至清。

中國傳統文化有「四部」的圖書分類，也有對「義理之學」「考據之學」「辭章之學」和「經世之學」等的劃分，其中「義理之學」雖然近於「哲學」但並不等同。中國傳統文化没有形成「哲學」以及近現代教育學科體制的分科，但是中國傳統文化確實固有其深邃的哲學思想，它表達了中華民族的世界觀、人生觀，體現了中華民族的思維方式、行爲準則，凝聚了中華民族最深沉、最持久的價值追求。

清代學者戴震説：「天人之道，經之大訓萃焉。」（原善卷上）經書和經學中講「天人之道」的「大訓」，就是中國傳統的哲學；不僅如此，在圖書分類的「子、史、集」中也有講「天人之道」的「大訓」，這些也是中國傳統的哲學。「究天人之際」的哲學主題是在中國文化上下幾千年的發展中，伴隨著歷史的進程而不斷深化、轉陳出新、持續探索的。

中國哲學首重「知人」，在天人關係中是以「知人」爲中心，以「安民」或「爲治」爲宗旨的。在記載中國上古文化的尚書皋陶謨中，就有了「知人則哲，能官人；安民則惠，黎民懷之」的表述。在論語中，「樊遲問仁，子曰：『愛人。』問知（智），子曰：『知人。』」（論語顏淵）「仁者愛人」是孔子思想中的最高道德範疇，其源頭可上溯到中國文化自上古以來就形成的崇尚道德的優秀傳統。孔子説：「未能事人，焉能事鬼？」「未知生，焉知死？」（論語先進）「務民之義，敬鬼神而遠之，可謂知矣。」（論語雍也）「智者知人」，在孔子的思想中雖然保留了對「天」和鬼神的敬畏，但他的主要關注點是現世的人生，是「仁者愛人」「天下有道」的價值取向，由此確立了中國哲學以「知人」爲中心的思想範式。西方現代哲學家雅斯貝爾斯在大哲學家一書中把蘇格拉底、佛陀、孔子和耶穌作爲「思想範式的創造者」，而孔子思想的特點就是「要在世間建立一種人道的秩序」，「在現世的可能性之中」，孔子「希望建立一個新世界」。

中國上古時期把「天」或「上帝」作爲最高的信仰對象，這種信仰也有其宗教的特殊性。如梁啓超所説：「各國之尊天者，常崇之於萬有之外，而中國則常納之於人事之中，此吾中華所特長也。……其尊天也，目的不在天國而在世界，受用不在未來（來世）而在現在（現世）。是故人倫亦稱天倫，人道亦稱天道。記曰：『善言天者必有驗於人。』此所以雖近於宗教，而與他國之宗教自殊科也。」由於中國上古文化所信仰的「天」不是存在於與人世生活相隔絶的「彼岸世界」，而是與地相聯繫（中庸所謂「郊社之禮，所以事上帝也」，朱熹中庸章句注：「郊，祀天；社，祭地。不言后土者，省文也。」），具有道德的、以民爲本的特點（尚書所謂「皇天無親，惟德是輔」，「天視自我民視，天聽自我民聽」，「民之所欲，天必從之」），所以這種特殊的宗教性也長期地影響著中國哲學對天人關係的認識。相傳「人更三聖，世經三古」的易經，其本爲卜筮之書，但經孔子「觀其德義而已」之後，則成爲講天人關係的哲理之書。四庫全书總目易類序說：「聖人覺世牖民，大抵因事以寓教……易則寓於卜筮。故易之爲書，推天道以明人事者也。」不僅易經是如此，而且以後中國哲學的普遍架構就是「推天道以明人事」。

春秋末期，與孔子同時而比他年長的老子，原創性地提出了「有物混成，先天地生」（老子二十五章），天地並非固有的，在天地產生之前有「道」存在，「道」是產生天地萬物的總根源和總根據。「道」內在於天地萬物之中就是「德」，「孔德之容，惟道是從」（老子二十一章），「道」與「德」是統一的。老子說：「道生之，德畜之，物形之，勢成之。是以萬物莫不尊道而貴德。道之尊，德之貴，夫莫之命而常自然。」（老子五十一章）老子的價值主張是「自然無爲」，而「自然無爲」的天道根據就是「道生之，德畜之……是以萬物莫不尊道而貴德」。老子所講的「德」實即相當於「性」，孔子所罕言的「性與天道」，在老子哲學中就是講「道」與「德」的形而上學。實際上，老子哲學確立了中國哲學「性與天道合一」的思想，而他從「道」與「德」推出「自然無爲」的價值主張，這就成爲以後中國哲學「推天道以明人事」普遍架構的一個典範。雅斯貝爾斯在大哲學家一書中把老子列入「原創性形而上學家」，他說：「從世界歷史來看，老子的偉大是同中國的精神結合在一起的。」他評價孔、老關係時説：「雖然兩位大師放眼於相反的方向，但他們實際上立足於同一基礎之上。兩者間的統一在中國的偉大人物身上則一再得到體現……」這裏所謂「中國的精神」「立足於同一基礎之上」，就是説孔子和老子的哲學都是爲了解決現實生活中的問題，都是「務爲治者也」。

在老子哲學之後，中庸説：「天命之謂性」，「思知人，不可以不知天」。孟子説：「盡其心者知其性也，知其性則知天矣。」（孟子盡心上）此後的中國哲學家雖然對天道和人性有不同的認識，但大抵都是講人性源於天道，知天是爲了知人。一直到宋明理學家講「天者理也」，「性即理也」，「性與天道合一存乎誠」。作爲宋明理學之開山著作的周敦頤太極圖説，是從「無極而太極」講起，至「形既生矣，神發知矣，五性感動而善惡分，萬事出矣」，這就是從天道講到人事，而其歸結爲「聖人定之以中正仁義而主静，立人極焉」，這就是從天道、人性推出人事應該如何，「立人極」就是要確立人事的價值準則。可以説，中國哲學的「推天道以明人事」最終指向的是人生的價值觀，這也就是要「爲天地立心，爲生民立命，爲往聖繼絶學，爲萬世開太平」。在作爲中國哲學主流的儒家哲學中，價值觀又是與道德修養的工夫論和道德境界相聯繫。因此，天人合一、真善合一、知行合一成爲中國哲學的主要特點。

中國哲學經歷了不同的歷史發展階段，從先秦時期的諸子百家争鳴，到漢代以後的儒家經學獨尊，而實際上是儒道互補，至魏晋玄學乃是儒道互補的一個結晶；在南北朝時期逐漸形成儒、釋、道三教鼎立，從印度傳來的佛教逐漸適應中國文化的生態環境，至隋唐時期完成中國化的過程而成爲中國文化的一個有機組成部分；宋明理學則是吸收了佛、道二教的思想因素，返而歸於「六經」，又創建了論語孟子大學中庸的「四書」體系，建構了以「理、氣、心、性」爲核心範疇的新儒學。因此，中國哲學不僅具有自身的特點，而且具有不同發展階段和不同學派思想内容的豐富性。

一八四〇年之後，中國面臨着「數千年未有之變局」，中國文化進入了近現代轉型的時期。在甲午戰敗之後的一八九五年，「哲學」的譯名出現在黄遵憲的日本國志和鄭觀應的盛世危言（十四卷本）中。此後，「哲學」以一個學科的形式，以哲學的「獨立之精神，自由之思想」推動了中華民族的思想解放和改革開放，中、外哲學會聚於中國，中、外哲學的交流互鑒使中國哲學的發展呈現出新的形態，馬克思主義哲學在與中國的歷史文化傳統、中國具體的革命和建設實踐相結合的過程中不斷中國化而産生新的理論成果。中華民族的偉大復興必將迎來中國哲學的新發展，在此之際，編纂中外哲學典籍大全，中國哲學典籍第一次與外國哲學典籍會聚於此大全中，這是中國盛世修典史上的一個首創，對於今後中國哲學的發展、對於中華民族的偉大復興具有重要的意義。

李存山

二〇一八年八月

「中國哲學典籍卷」

出版前言

社會的發展需要哲學智慧的指引。在中國浩如煙海的文獻中，哲學典籍占據著重要地位，指引著中華民族在歷史的浪潮中前行。這些凝練著古聖先賢智慧的哲學典籍，在新時代仍然熠熠生輝。

收入我社「中國哲學典籍卷」的書目，是最新整理成果的首次發布，按照内容和年代分爲以下幾類：先秦子書類、兩漢魏晋隋唐哲學類、佛道教哲學類、宋元明清哲學類、近現代哲學類、經部（易類、書類、禮類、春秋類、孝經類）等，其中以經學類占多數。本次整理皆選取各書存世的善本爲底本，制訂校勘記撰寫的基本原則以確保校勘品質。全套書采用繁體竪排加專名綫的古籍版式，嚴守古籍整理出版規範，並請相關領域專家多次審稿，作者反復修訂完善，旨在匯集保存中國哲學典籍文獻，同時也爲古籍研究者和愛好者提供研習的文本。

文化自信是一個國家、一個民族發展中更基本、更深沉、更持久的力量。對中國哲學典籍進行整理出版，是文化創新的題中應有之義。中國社會科學出版社秉持「傳文明薪火，發時代先聲」的發展理念，歷來重視中華優秀傳統文化的研究和出版。「中國哲學典籍卷」樣稿已在二〇一八年世界哲學大會、二〇一九年北京國際書展等重要圖書會展亮相，贏得了與會學者的高度讚賞和期待。

點校者、審稿專家、編校人員等爲叢書的出版付出了大量的時間與精力，在此一並致謝。由於水準有限，書中難免有一些不當之處，敬請讀者批評指正。

趙劍英

二〇二〇年八月

本書點校説明

曹元弼（一八六七—一九五三），字穀孫，又字師鄭，一字懿齋，號叔彦，晚號復禮老人。江蘇省蘇州府吴縣人。少受黄體芳器異，選入江陰南菁書院肄業，從黄以周受經，在院與從兄曹元忠、唐文治、張錫恭等交善。早歲專力於三禮之學，治經嚴守鄭玄家法，著禮經校釋，爲海内所推重，後以是書得賞翰林院編修。

一八九七年，曹元弼應張之洞聘，爲兩湖書院經學總教，在院與梁鼎芬、馬貞榆、陳宗穎、王仁俊等相論甚得。戊戌，張之洞撰勸學篇，曹元弼作原道、述學、守約三篇以輔翼之，亦其所自道。又受張之洞命，依勸學篇所論治經之法撰十四經學，閉户論撰，覃思研精，成僅及半，刊竣禮經學、孝經學、周易學三種。一九〇七年，張之洞立湖北存古學堂，重招其爲經學總教。翌年蘇省效立存古，曹氏任蘇存古經學總教，與鄒福保、葉昌熾、王仁俊、唐文治共襄其事，仍兼鄂學。是時，清廷開禮學館，重修大清通禮，曹元弼列顧問，與陳寶琛、張錫恭、曹元忠就議禮事多有函札往還。辛亥六月，曹元弼辭蘇存古教席，居家注易。旋即，存古議廢，清帝退位，民國肇立。

自是，曹元弼爲清遺民，遯世著述，以守先待後爲己任。箋釋周易、孝經、尚書三經鄭氏學，又有周易集解補釋、大學通義、中庸通義、復禮堂述學詩、復禮堂文集等作，一生著書二百餘卷，總三百余萬言。曹元弼一生纂著以全面表彰、恢復鄭學爲依歸，然其所以刊誤補遺，疏釋群經，與清人分文析字、旁征廣引之漢學有別，而終構建一以人倫愛敬爲宗旨，以禮爲體，六藝同歸共貫之經學系統，爲晚清民國古文經學之殿軍。

曹元弼一生之學術受張之洞影響深切，孝經學爲代表的十四經學是他落實南皮經學教育思想的典型學術成果。戊戌三月，張之洞撰勸學篇，内篇以辟邪説、正學術爲務。在守約一章，張之洞提出治經之七法：明例、要旨、圖表、會通、解紛、闕疑、流别。用此七法編成學堂經義課本，使經學教育切于世道人心，「人人有經義數千條在心，則終身無離經叛道之患」（曹元弼周易郑氏注笺释序）。是時，南皮既聘曹元弼爲兩湖書院經學總教，故特囑曹氏依此七目，經别爲書，撰十四經學。曹氏珍重所托，翌年辭兩湖講席，歸鄉著書。至丁未，曹元弼寫成孝經學、禮經學、周易學三種呈張之洞。

孝經之學是曹元弼經學理論的根柢，疏釋孝經大義貫穿了他一生。他自少夙興必莊誦孝經，欲作孝經鄭氏注後定、孝經纂疏、孝經證，均未成；兩湖時期作孝經六藝大道録、孝經學；民國時期作孝經鄭氏注箋釋、孝經校釋，極盡精詳，又有孝經集注以備童蒙課讀。在這條脈絡中，孝經學有承前啟後的意義。該書是他首次全面梳理孝經大義、評點學術史、總結表達自己觀點的作品；并爲之後寫作孝經鄭氏注箋釋做了鋪墊，後者有許多論述徑承自孝經學。

該書有光緒三十四年（一九〇八）江蘇存古學堂木活字九行本，蓋經張之洞肯認后迅速付刊，以授蘇、鄂存古生徒。后再經校訂，有宣統元年（一九〇八）孝經學、禮經學、周易學一并授梓之十行本，民國十五年（一九二六）又覆刻之，續修四庫全書所收即此本。今據宣統元年十行本整理，錯訛字、避諱字徑改之，其餘保持原貌。

宮志翀

二〇一八年五月

目録

流別第七　孝經

孝經學目録

闕疑

流別

孝經注解傳述人考正

孝經各家撰述要略

附經注疏各本得失

明例第一　孝經

曹元弼學

孝經脈絡次第説

孝經大例有二，曰脈絡，曰次第。一經一緯，皦如繹如，其本皆出於首章。首章曰：「先王有至德要道。」德者，愛敬也。愛敬及天下，謂之至德，孝弟是也。道者，所以行愛敬者也。愛敬一人而千萬人説，以興愛興敬，謂之要道，禮樂是也。廣至德、廣要道章明之。曰：「以順天下」，至德要道出於天命之性，不學而能，不慮而知，聖人治天下不別立法，但因人心所固有者而利導之，是以教不肅而成，政不嚴而治。三才章明之。曰：「民用和睦，上下無怨」，民愚而不可欺，賤而不可犯，術馭勢迫，倒行逆施，則怨而以詐相遁，術窮勢竭而禍亂遽起。惟因人心之所同然，順而行之，則合敬同愛而上下安，協智同力而灾禍息，君民一體，父子相保，是謂大順。孝治章明之。曰：「夫孝，德之本也，教之所由生也」，德者，愛敬也；教者，教愛教敬也。至德要道，元出於孝，愛敬之本由於父子天性。因嚴可以教敬，因親可以教愛。聖人推愛親敬親之心以愛人敬人，使天之所生，地之所養，無不被吾愛敬，告成功於天祖，尊之至而事天明，親之至而事地察，不過盡孝之能事。聖治章明之，而感應章申述之。反是則本實先撥，枝葉必傾，悖德悖禮，亂臣賊子以私恩小惠要結徒黨，遂其逆節，將使生民塗炭，積血暴骨，灾害禍亂，莫知所底。是以春秋誅大逆，孝經明大順，皆以絶惡慢之原，立愛敬之本，教自此順生，刑自反此作。聖治章明之，而五刑章極言之。曰：「孝之始，孝之終」，愛親者不敢惡於人，敬親者不敢慢於人，愛親敬親，孝之始，不敢慢惡於人，以保守天下國家身名者，孝之終。天子不毁傷天下，諸侯卿大夫不毁傷國家，士庶人不毁傷其身。文、武之道，天下後世爲法，反是則幽、厲之名，百世不改。殷、周有道則長，秦無道則暴，諸侯以下皆然。故孝無終始，而患不及者，未之有。天子至庶人五章明之。不幸而有不能終始於愛敬之道者，則子必争，臣必争，友必争，俾不及於失天下、失國家、失身名之患。諫諍章明之。曰：「夫孝，始於事親」，事孰爲大，事親爲大；守孰爲大，守身爲大，不失其身而能后事其親。紀孝行章明之。事生者易，事死者難，惟送死可以當大事。喪親章特明之。曰：「中於事君」，聖人所以生天下萬世之人者在教孝，而所以使人各保其父子，以遂其孝者在教忠，故資於事父以事君而敬同。事君章明之。盡忠匡救，君臣一體，存亡休戚與同，忠焉能勿誨乎？諫諍章明之。曰：「終於立身」，孝弟忠順之行立，而後可以爲人。君子也者。人之成名，成身則成親，必至立身揚名，而後不敢毁傷者，爲真無所毁傷。廣揚名章明之。孝始於事親則家治，中於事君則天下治，終於立身則萬世賴以治。反是則不事親者，非孝無親矣，不事君者，要君無上矣，不立身者，非聖無法矣。要君、非聖、非孝三者相因，皆不孝之罪。事君、事親、立身三者備，乃完孝之行。故曰：「夫孝，德之本也」，聖人之德無以加於孝。此孝經之脈絡也。首章言孝之始，孝之終，因陳天子至庶人行孝終始之事，故天子以下五章次之。天子至庶人，皆推愛親敬親之心以愛人敬人，以保其父祖所傳之天下國家、身體髮膚，有慶無患，孝道之大如此。非聖人强以教人，乃本於聖人乾元坤元，繼善成性，天生烝民，有物有則，所謂道之大原出於天。故三才章次之。聖人則天順民，因性立教，則人人興孝興仁，上下各致其愛敬之實，以興利除害，相生相養相保，不敢有一人之惡慢，以灾及其親。故孝治章次之。夫如是，則四海之内，無一物不得其所，升中于天，配以父祖，仁人事天，孝子事親之能事畢，故曰：「君子務本，本立而道生。」聖人盡其性以盡人之性，綏之斯來，動之斯和，致中和，位天地，育萬物，其所因者本。故聖治章次之。聖人愛敬天下之極功，本於愛親敬親，教愛因親，教敬因嚴，孝之大義既畢，乃陳事親守身之節目。故紀孝行章次之。失其身而能事親者，未之聞。孝始於守身，不孝始於忘身，充忘身之極，則無惡不爲。且不愛其親而愛他人，不敬其親而敬他人者，包藏禍心，悖德悖禮，勢必殫殘聖法，無父無君，爲生民大患。聖人愛敬天下，所以不得已而用刑。故五刑章次之。罪莫大於不孝，行莫大於孝，惟孝故順民如此其大，而爲禮之始。聖人以孝弟禮樂爲教。禮之大義，尊尊、親親、長長，而其所以爲教，則躬立爲子、爲弟、爲臣之極，本諸身而徵諸民。故廣要道、廣至德章次之。孝弟忠順之行立，則身修而名自立於後世。故廣揚名章次之。慈愛、恭敬、安親、揚名，孝道備矣，復陳諫争之義，以結天下國家身名，而感應章長言永嘆孝弟之至。繼以事君章，亦事父、事兄、事君相次，而喪親章終焉。此孝經之次第也。三才章「則天因地，以順天下」，以天治人也。聖治章「因嚴教敬，因親教愛」，以人治人也。廣至德章「非家至而日見之」，以己治人也。三才章以下三章，由己達之天下，廣要道以下三章，由天下而反之身。聖人立言，從心所欲，左右逢原，從容中道，脈絡分明而往不息，根本盛大而出無窮。學者沉潛反覆，自覺天良發不可遏，一若春陽生乎方寸，而和氣塞乎天地間者，肫肫焉，淵淵焉，浩浩焉，神而明之，存乎其人，存乎德行也。或曰：今之十八章，固孔子之舊次歟？曰：今文相傳無異本，古文簡札有複重雜亂，劉子政以今文正之，不聞先後異序也。其文首尾貫串，如繫辭、中庸，豈有後人更定者哉？

孝經微言大義略例

凡道之大原出於天，孝經以天治人。天不變，道亦不變，故謂孝道爲經。

凡天地之性，人爲貴。古今中外，凡題正當天地之人，此心皆同。孝經以人治人，順是爲人，反是則無父無君是禽獸。

凡天命之謂性，父子之道天性，爲孟子性善之說所自出。性有五德，仁主愛，義主敬，孝經言德皆愛敬，即五常之德。

凡五常本於仁，仁本於孝，孝弟同體。良知良能，達之天下謂之至德。孝經言至德，周禮三德、六德皆統之。孝爲人行莫大，孝經論行，周禮三行、六行皆統之。

凡性善，情亦善，孝經喪親章言情，情之至正者。

凡率性之謂道，天性親嚴是謂父子之道。君臣、兄弟、夫婦、朋友愛敬之道皆從此起。孝經言道，即天下之達道五，爲制禮之本。

凡五倫統于三綱，資于事父以事母，資于事父以事君，而尊尊之道著。以孝事君則忠，以敬事長則順，而尊尊、親親、長長之道備。中庸言「君子之道，曰：子臣弟友」，與孝經要道同義。

凡修道之謂教，因嚴教敬，因親教愛。開闢以來，中國聖人立教大本在此，三代以上，中國所以富强治安，皆根本於此。六經皆此道，而孝經揭之，書五教，周禮十二教皆統之。

凡孝經言義，即禮運十義。聖治章曰：「君臣之義」，義之最重者。

凡孝經不言知，「見教之可以化民」即知。孝經不言信，不言勇，孝有終始，自强不息，即信即勇。

凡教本乎天，率乎性；以立道，以順民，以施政，謂之則，謂之法；以體言謂之禮，以常言謂之經。

凡孝道著在言行，君子言行，王者政教，皆本愛親敬親之心，以愛人敬人，得乎人心之所同然，謂之則。

凡孝經治天下之道在順，而所以順之者在敬，愛立於敬。孝經言「不敢」即敬之義。

凡孝經之教事親在愛，而持以終身弗辱之敬；事君在敬，而出以中心惻怛之愛。

凡孝經以身教，至德要道，有諸己而后求諸人。孔子「行在孝經」，所以爲萬世法。

凡孝經以名教，君臣父子之名正，而後有順逆善惡。善名爲善，惡名爲惡，而後顧名思義，人心可正，民行可興。

凡孝經事親謹身之目，在禮經喪、祭、記、曲禮、内則諸篇。凡孝經愛敬之教，備在禮十七篇。愛敬之政，備在周官六典。愛敬之義，在二戴禮記。凡井田、封建、學校、軍賦、宗法、教農教兵、通商考工，生人相生、相養、相保之道，皆天子以下愛敬之實事。

凡孝經爲六藝之總會，以孝經通易而伏義立教之本明；以孝經通詩、書而民情大可見，王道益燦然分明；以孝經通禮而綱紀法度會有極，統有宗，法可變，道不可變；以孝經通春秋而尊君父，討亂賊之大義明，邪説誣聖，不攻自破；以孝經權衡百家，如視北辰以正朝夕，是非有正，異端自息。異端之説不同，而歸于無父無君則同。父子君臣之大義明，則百家之毒盡去，百家之長皆可用。以孝經觀百代興亡，而愛敬惡慢之效，捷於影響，昭若揭日月而行。

凡論語言仁，極聖人愛敬天下萬世之情，與孝經一貫。

凡孝經庸德庸行，詳述於曾子十篇，大義發於中庸，微言逮於孟子。

陳氏澧東塾讀書記說孝經

鄭康成六藝論云：「孔子以六藝題目不同，指意殊別，恐道離散，後世莫知根源，故作孝經，以總會之。」隋書經籍志亦有此數語。其下云：「明其枝流雖分，本萌於孝者也。」此二句，或亦六藝論之語。澧案：六藝論已佚，而幸存此數言，學者得以知孝經爲道之根源，六藝之總會。此微言未絶，大義未乖者矣。

説文卷末，載許叔重遣子沖上説文書，並上孝經孔氏古文説。澧謂孔子教弟子孝弟學文，許君以二書並上，蓋亦此意。惜孝經孔氏古文説竟不傳也。

荀慈明對策云：「漢制使天下誦孝經。」澧案：續漢書百官志司隸校尉假佐二十五人，孝經師主監試經，諸州與司隸同。此東漢之制也。咸豐中有旨，令歲科試增孝經論，正合東漢之制。若督學及府廳州縣官試士，以此爲重，則天下皆誦孝經如東漢時矣。司馬温公云：「嚮若使之盡通詩、書、禮、樂，則中材以下，或有所不及。今但使之習孝經、論語，儻能盡期年之功，則無不精熟矣。此乃業之易習者也。然孝經、論語，其文雖不多，而立身治國之道盡在其中。就使學者不能踐履，亦知天下有周公、孔子，仁義禮樂，其爲益也，豈可與一首律詩爲比哉？」温公書儀云：「子年十五已上，能通孝經、論語，粗知禮義之方，然後冠之。」

朱子甲寅上封事云：「臣所讀者，不過孝經、語、孟之書。」知南康時，示俗文云：「孝經云：『用天之道，分地之利。朱子本注云：「謂依時及節，耕種田土。」謹身節用，本注云：「謹身，謂不作非違，不犯刑憲。節用，謂省使儉用，不妄耗費。」以養父母，本注云：「人能行此三句之事，則身安力足，有以奉養其父母，使其父母安穩快樂。」此庶人之孝也。』本注云：「能行此上四句之事，方是孝順。雖是父母不存，亦須如此。方能保守父母産業，不至破壞，乃爲孝順。若父母生存不能奉養，父母亡殁不能保守，便是不孝之人，天所不容，地所不載，幽爲鬼神所責，明爲官法所誅，不可不深戒也。」以上孝經庶人章正文五句，係先聖至聖文宣王所説。奉勸民間逐日持誦，依此經解説，早晚思惟，常切遵守，不須更念佛號、佛經，無益於身，枉費力也。」朱子上告君，下教民，皆以孝經，學者勿以朱子有刊誤之作，而謂朱子不尊信孝經也。

朱子孝經刊誤以「仲尼居」至「未之有也」爲一節，云：「夫子曾子問答之言，而曾氏門人之所記，疑所謂孝經者，其本文止如此，其下則或者雜引傳記以釋經文。」澧謂如朱子之言，則第一節猶大學章句所謂「經一章」，其下釋經文者，猶大學章句所謂傳也。「雜引傳記」者，猶中庸章句所謂雜引孔子之言以明之也。朱子所疑者，章首「子曰」二字，及章末之引詩、書，與「天之經也，地之義也」云云，乃左傳子太叔述子産之言；又疑「嚴父莫大於配天」，非所以爲天下之通訓。語類亦屢有此説。然中庸亦有章首用「子曰」二字者，孟子每章之末引詩、書者尤多。左傳：「仲尼曰：『古也有志：「克己復禮，仁也。」』」臼季曰：「臣聞之，出門如賓，承事如祭，仁之則也。」此論語孔子告顔淵、仲弓者而皆見於左傳，則孝經有左傳語，不必疑也。「嚴父莫大於配天」，與孟子所謂「孝子之至，莫大乎尊親；尊親之至，莫大乎以天下養」，文義正同，尤不必疑矣。

孟子七篇中，多與孝經相發明者。孝經曰：「非先王之法服不敢服，非先王之法言不敢道，非先王之德行不敢行。」孟子曰：「子服堯之服，誦堯之言，行堯之行」，亦以服、言、行三者並言之。孝經天子章曰：「刑於四海。」諸侯章曰：「保其社稷。」大夫章曰：

「守其宗廟。」庶人章曰：「謹身。」孟子曰：「天子不仁，不保四海；諸侯不仁，不保社稷；卿大夫不仁，不保宗廟；士庶人不仁，不保四體」，亦似本於孝經也。「世俗所謂不孝者五，隋其四支，不顧父母之養」云云，正與「謹身節用，以養父母」相反，亦可以爲孝經之反證也。司馬温公家範引孝經「五刑之屬三千，而罪莫大於不孝」，其下亦引孟子所言「五不孝」。孟子外書四篇，其一篇名曰孝經，蓋論説孝經之語。趙邠題辭雖以外篇爲後世依託，然亦必出於孟氏之徒也。

陶淵明有五孝傳，或疑後人依託，灃謂不必疑也。蓋陶公於家庭鄉里，以孝經爲教，稱引故實以證之。故其庶人孝傳贊云：「嗟爾衆庶，鑒茲前式。」司馬温公家範録孝經「居則致其敬，養則致其樂，病則致其憂，喪則致其哀，祭則致其嚴」五句，每句各引經史以證之。蓋孝經一篇，皆論以孝順天下之大道，惟此五句爲孝之條目，故加以引證，亦所謂鑒茲前式也。困學紀聞云：「彭忠肅公以致敬、致樂、致憂、致哀、致嚴，裒集格言，爲五致録。司馬温公家範亦以五致類事，忠肅之書本此。灃案朱子孝經刊誤卷末云：「欲掇取他書之言，可發明孝經之旨者，别爲外傳。」黄直卿亦輯録諸經傳言孝者，爲孝經本旨二十四卷，見直齋書録解題卷三。

孝經大義，在天子、諸侯、卿大夫、士皆保其天下國家，其祖考基緒不絶，其子孫爵禄不替，庶人謹身節用，爲下不亂。如此則天下世世太平安樂，而惟孝之一字，可以臻此。亡友桂星垣嘗與灃論此云：論語第二章言：孝弟則不犯上作亂，即孝經所謂「至德要道，以順天下」，斯言得之矣。

四庫全書總目謂孝經與禮記爲近，又以魏文侯有孝經傳，則孝經爲七十子之遺書，此考據最確，無疑義矣。「仲尼居，曾子侍」與「孔子閒居，子夏侍」，「仲尼燕居，子張、子貢、言游侍」文法正同。大戴禮主言篇「孔子閒居，曾子侍」文法亦同。其書言孝道乃天下之大本，中庸「立天下之大本」，鄭注：「大本，孝經也。」故自爲一經。此經是孔子之言，其筆之於書者，但可謂之述，不可謂之作，故鄭君以爲孔子作也。史記仲尼弟子列傳則云曾子作。黄東發日鈔以孝經爲首，而論語、孟子次之，以讀經者當先讀此經也。王儉七志以孝經居首，見經典釋文序録。

經解云：「孔子曰：『安上治民，莫善於禮。』此之謂也。」此引孝經也。喪服四制云：「資於事父以事君而敬同」，「毀不滅性，不以死傷生」，「喪不過三年」，「資於事父以事母而愛同」，大戴禮本命同。皆孝經之語。

孝經鄭注，諸書所引者雖多，然無以定爲康成注，惟郊特牲正義引王肅難鄭云：「孝經注云：『社，后土也。此係校勘記所稱惠棟校宋本。句龍爲后土。』鄭既云社后土，則『句龍』也，是鄭自相違反。」鄭以社爲五土之神，句龍配之。故王肅以爲自相違反也。此王肅所難，是康成注明矣。劉光伯謂肅無攻擊孝經鄭注者，殆未詳考耶？劉説見孝經序疏。弼案：孝經序疏引此説係劉知幾語，非光伯也。此文偶誤，當更正。

要旨第二　孝經

曹元弼學

子曰：「吾志在春秋，行在孝經。」

中庸曰：「唯天下至誠，爲能經論天下之大經，立天下之大本。」鄭氏曰：「大經，謂六藝而指春秋也。大本，孝經也。」

史記仲尼弟子列傳曰：「孔子以曾參爲能通孝道，故授之業，作孝經。」

陶淵明五孝傳曰：「至德要道，莫大於孝。是以曾參受而書之，游、夏之徒常咨稟焉。」

漢書藝文志曰：「孝經者，孔子爲曾子陳孝道也。夫孝，天之經，地之義，民之行也，舉大者言，故曰孝經。」

白虎通曰：「孝經者，制作禮樂，仁之本。」

鄭氏六藝論曰：「孔子以六藝題目不同，指意殊別，恐道離散，後世莫知根源，故作孝經以總會之。」又孝經序曰：「孝經者，三才之經緯，五行之綱紀。孝爲百行之首，經者不易之稱。」

黄氏道周曰：「孝經者，道德之淵源，治化之綱領也。六經之本皆出孝經，而小戴禮記四十有九篇，大戴禮記三十有六篇，皆爲孝經疏義。蓋當時師、偃、商、參之徒，習觀夫子之行事，誦其遺言，尊聞行知，萃爲禮論，而其至要所在，備於孝經。觀戴記所稱『君子之教也』，及『送終時思』之類，多繹孝經者。蓋孝爲教本，禮由所生，語孝必本敬，本敬則禮從此起。」

阮氏元曰：「春秋以帝王大法治之於已事之後，孝經以帝王大道順之於未事之前，皆所以維持君臣，安輯家邦者也。君臣之道立，上下之分定。於是乎聚天下之士庶人而屬之君卿大夫，聚天下之君卿大夫而屬之天子。上下相安，君臣不亂，則世無禍患，民無傷危矣。即如百乘之家不敢上僭千乘，千乘之國不敢上僭萬乘，則天下永安矣。且千乘之國不降爲百乘，百乘之家不降爲庶人，則天下永安矣。論語曰：『其爲人也孝弟，而好犯上者鮮矣。不好犯上，而好作亂者，未之有也。君子務本，本立而道生。孝弟也者，其爲仁之本與。』論語此章，即孝經之義也。不孝則不仁，不仁則犯上作亂，無父無君，天下亂，兆民危矣。春秋所以誅亂臣賊子者，即此義也。孟子曰：『何必曰利，亦有仁義而已矣。上下交征利，千乘之國，百乘之家皆弒其君，不奪不厭。』此首章亦即孝經之義，孔、孟正傳在此。戰國以後，縱横兼併，秦祚不永，由於不仁，不仁本於不孝，故至於此也。」又云：「論語次章有子之語，蓋兼乎孝經、春秋之義。孔子之道在於孝經。孝經取天子、諸侯、卿大夫、士、庶人最重之一事，順其道而布之天下，封建以固，君臣以嚴，守其髮膚，保其祭祀，永無奔亡弒奪之禍，即有子所云孝弟之人不犯上作亂也。使天下庶人、士、大夫、卿、諸侯人人皆不敢犯上作亂，則天下永治也。惟其不孝不弟，不能如孝經之順道而逆行之，是以子弒父，臣弒君，亡絶奔走，不保宗廟社稷。是以孔子作春秋，明王道，制叛亂，明褒貶。春秋論之於已事之後，孝經明之於未事之先。其間所以相通之故，則有子此章，實通徹本原之論。」

曹元弼述孝篇曰：「天地之大德曰生。生人者，天地也，父母也。天地父母能全而生之於始，而不能使各全其生於終。聖人者，代天地爲民父母以生人者也，故曰産萬物者聖，聖之言生也。聖人將爲天地生人，必通乎生民之本而順行之。故聖人能以天下爲一家，以中國爲一人者，非他，順其性而已。性者，生也，親生之膝下，是謂天性，惟親生之，故其性爲親，而即謂生我者爲親。孩提之童，無不知愛其親也。親則必嚴，孩提之童，其父母之教令則從，非其父母不從也。父母之顔色稍不説則懼，非其父母不懼也。是嚴出於親，親者天性，嚴者亦天性也，親嚴其親，是之謂孝。是孝者，性也。性者，立教之本也。水之性流，掘地而注之，可以達於海；火之性烈，鑽燧而取之，可以燎於原。使人而本無性也者，人之性而本不親嚴其父母也者，則悖逆詐僞、争奪相殺固其所，而聖人將無所施其教。今人之性既親嚴其父母若是，則順而推之，可以無所不親，無所不嚴。無所不親謂之愛，無所不嚴謂之敬。試觀孩提愛親，少長即知敬兄，由父兄而推之，凡在天屬，無不親也，其尊長，無不敬也。是即率性而順行之，親嚴可以教愛敬之明效也。故曰：『君子務本，本立而道生，孝弟也者，其爲仁之本與？』又曰：『親親，仁也。敬長，義也。仁、義、禮、智之端，擴而充之，若火之始然，泉之始達，苟能充之，足以保四海矣。苟不充之，則不足以事父母。』何也？人少則慕父母者，性也。及其長而好色也，妻子也，仕也，嗜欲攻取，天性日漓，親者疏而嚴者忽矣，何怪乎事君不忠，誤國殃民，犯上作亂，覆家亡身以灾及其親乎？即或本心無他，而不達於道，以爲吾親則愛之，非吾親則不愛，吾親則敬之，非吾親則不敬，不敬則慢，不愛則惡。惡人者人亦惡之，慢人者人亦慢之，居上則亡，爲下則刑，在醜則兵，毁其身，危其親。雖日用三牲之養，其得爲孝乎？若此者，非無性也，無教也。無教則逆其性，逆其性則失其生。上古聖人有生人之大仁，知性之大知，知人之相生，必由於相愛相敬，而相愛相敬之端，出於愛親敬親，愛親敬親之道，必極於無所不愛，無所不敬，使天下之人無不愛吾親敬吾親，確然見因性立教之可以化民也。推其至孝之德，卓然先行博愛敬讓之道，而天下之人翕然戴之以爲君師。於是則天明，因地義，順人性，正夫婦，篤父子，而孝本立矣，序同父者爲昆弟，而弟道行矣。因而上治祖禰，下治子孫，旁治宗族，而親親之義備矣。博求仁聖賢人，建諸侯，立大夫，以治水、火、金、木、土、穀之事，富以厚民生，教以正民德，司牧師保，勿使失性，勿使過度，上下相安，君臣不亂，而尊尊之道著矣。聖法立，王事修，民功興，則有同講聖法，同力王事，同即民功者謂之朋友，而民相任信矣。三綱既立，五倫既備，天下貴者治賤，尊者畜卑，長者字幼，而民始得以相生。且賤者統於貴，卑者統於尊，幼者統於長，而民不得以相殺。於是教以孝以敬天下之爲父者而子説，教以弟以敬天下之爲兄者而弟説，教以臣以敬天下之爲君者而臣説。子説則孝，孝則親愛，弟説則弟，弟則禮順，臣説則忠，忠則居官理治。且愛親者不敢惡於人，敬親者不敢慢於人。天子愛敬四海之内，則得萬國之歡心，以事其先王。諸侯愛敬一國之人，則得百姓之歡心，以事其先君。卿大夫、士、庶人愛敬其家，則得人之歡心，以事其家。自上至下，皆兢兢焉爲子臣弟少之事。雖天子必有父，必有兄，不敢驕溢非法，以亂取亡。是以天下和平，兆民乂安，重社稷，嚴宗廟，守祭祀，保體膚，禮教興行，刑措不用。集天下和睦之氣，升之天祖，尊之至而事天明，親之至而事地察。大孝尊親，嚴父配天，普天率土，各以其職，生民之本盡，死生之義備，是謂大順。大順者，順其性也。夫人藏其心，不可測度也，凡有血氣，必有争心。知者詐愚，勇者威怯，强者凌弱，衆者暴寡，泯泯棼棼，散無友紀，至難治也。而聖人能爲之建極錫福，達禮定分，用人之知去其詐，用人之勇去其怒，用人之仁去其貪，尚辭讓，去争奪，一道德，同風俗者，亦順之而已矣。孟子曰：『天下之言性也，以利爲本。』利者，順也。『禹之行水也，行其所無事也。』教不肅而成，政不嚴而治，何事之有？蓋人之性莫不愛親敬親，故可導之以愛人敬人，所謂順也；非强之使人愛之敬之，乃以各遂其愛親敬親，所謂孝也。人之相與也，譬如舟車然，相濟達也，人非人不濟，馬非馬不走，水非水不流，不仁愛則不能群，不能群則養不足。懷於人者，人亦懷之，出乎爾者，反乎爾者。故古之人爲政，愛人爲大，不能愛人，不能有其身，傷其身，即傷其親。故烹熟羶薌嘗而薦之，非孝也，養也。養可能也，敬爲難；敬可能也，安爲難；安可能也，卒爲難。君子之所謂孝者，愛人以愛其身，愛其身以愛其親。生則親安之，祭則鬼享之。親没而名立，是故有弗言，言思可道；有弗行，行思可樂；將爲善，思貽父母令名，必果。是故居處必莊，事君必忠，莅官必敬，朋友必信，戰陣必勇。是故父之齒隨行，兄之齒雁行，朋友不相踰。又能敬親之朋友，又能帥朋友以助敬也。是故愛人不親反其仁，禮人不答反其敬，有終身之憂，無一朝之患。是故克己復禮，天下歸仁，出門如賓，承事如祭，己所不欲，勿施於人，在邦在家，和睦無怨。是故天子以德教光於四海爲孝，諸侯以保社稷、和民人爲孝，卿大夫以守宗廟爲孝，士以守祭祀爲孝，庶人以謹身爲孝。地以平，天以成，封建以固，井田以均，軍賦以出，學校以修，人才以多，官方以飭，禮俗以成，民氣以樂，冠昏以時，喪祭以嚴，朝聘以尊。處則有備，出則有威。天子守在四夷，諸侯守在四鄰，而天下莫敢有越厥志。是故天子以天下養，天子之祭也，與天下樂之；諸侯之祭也，與境内樂之；卿大夫、士、庶人之祭也，與宗族外姻朋友樂之。是故天子有田以處子孫，諸侯有國以處其子孫，大夫有采以處其子孫，士食舊德之名氏，農服先疇之畎畝，商修族世之所鬻，工用高曾之規矩。其鬼神歆其禋祀，其民人享其土利。是故上好仁而下好義，事有終而財不匱。上之使下，如父兄之畜子弟，耳目之役手足；下之事上，如子弟之衛父兄，手足之捍頭目。開誠心，布公道，集衆思，廣忠益，爲天下得人，以定天下之業，以斷天下之疑，四方有患，必先知之，至明也。作内政，寄軍令，明恥教戰，信賞必罰，將帥協和，少長有禮，説以使民，民忘其死，無事則順治，有事則無敵，至强也。躬行節儉，爲天下先，務才訓農，通商惠工，地無餘利，人無餘力，家給人足，養生喪死無憾，至富也。備物致用，立成器以爲天下利，知者創物，能者世守，博師萬物，精益求精，黄帝用蚩尤之五兵，武王收肅慎之楛矢，通其變，神其化，至巧也。天下即有卒然大患，而上下相親，人心固結，合天下之謀以爲謀，何詐之不破；合天下之力以爲力，何强之不服；天下人人出其財，何用之不足；天下人人竭其巧，何器之不利。天子勞心以拯生民之灾，庶人效死以急君父之難。九年之水，七年之旱不能殺，鬼方之帥、昆夷之患不能病。是故勞勤心力耳目而不必爲己，節用水火財物而不必藏於己，人不獨親其親，不獨子其子，老有所終，壯有所用，幼有所長，窮民有所養，男有分，女有歸，天地位，萬物育矣。此順之實也，孝之至也。故曰：『人之行莫大於孝』，『聖人之德無以加於孝』。蓋聖人者，爲天地生人者也。人非父母不生，亦非君不生，何也？爪牙不足以供嗜欲，趨走不足以避利害，無羽毛以御寒暑，苟無君，焉爲之興利除患、養欲給求？人之類必滅。欲既得矣，飲食則有訟，訟則有衆起，人人有賊人自利之心，横行無忌之勢，苟無君，焉爲之區處條理、勞來鎮撫？人之類亦必滅。故君者，生人之大者也。天下一日無君，則猛虎長蛇人立而搏噬，上下不交而天下無邦，非無邦也，原野厭人之肉，川谷流人之血，邦無人也。聖人取類以正名，而謂君爲父母，謂民爲赤子，赤子離父母而能生者，未之有也。故曰：父者，子之天也；君者，臣之天也。聖人作爲父子君臣以爲紀綱，所以生人也。故孝子事君必忠，君臣之義，與父子終始相維持。天下君君臣臣，而後人人得保其父子，上下各思永保其父子，而後爲君盡君道，爲臣盡臣道。君臣父子各盡其道，則天下相愛相敬以相生養保全，永無奔亡篡奪、生民塗炭之禍，是之謂孝治。夫天下至大也，治天下至難也，一以孝順之，而千萬人之心如一心，以千萬人之性本一性也。能盡其性即能盡人之性，故謂之至德要道。三皇、五帝、禹、湯、文、武、成王、周公未有不由此者，孔子兼包其盛德以爲孝經，而仁覆萬世矣。」

開宗明義章

先王有至德要道，以順天下。

天降下民，作之君，作之師。孔子論孝道，必稱先王，即春秋發首書王之義。以上治下，以聖治愚，以祖宗訓孫子，一出言而法祖尊王之義，昭若揭日月而行，萬世彝倫於是敘焉，此聖人所以爲人倫之至也。至德要道，天地之經，而民是則之，聖人先得人心之所同然耳。有者，有諸己。順者，因其固有而利導之。鄭氏曰：「至德，孝弟也。要道，禮樂也。」按孩提之童，無不知愛其親，及其長也，無不知敬其兄。孝則必弟，孝弟皆須禮以行之，樂與禮同體。孟子曰：「仁之實，事親是也；義之實，從兄是也；禮之實，節文斯二者；樂之實，樂斯二者。」傳曰：「孝，禮之始也。」大本謂之孝，達道謂之禮。禮之大義，尊尊也，親親也，長長也。人人親其親、長其長而天下平，故民用和睦，上下無怨。陸賈新語曰：「『有至德要道，以順天下』，言德行而其下順之矣。」黄氏曰：「順天下者，順其心而已，天下之心順則天下順矣。」又云：「至德要道皆本生於天，因天所命以誘其民，非有强於民也。據三才章義。夫子見世之立教者不反其本，將以天治之，故發端於此。」阮氏曰：「孔子志在春秋，行在孝經。其稱至德要道之於天下也，不曰治天下，不曰平天下，但曰順天下，順之時義大矣哉。孝經順字凡十見，順與逆相反，孝經之所以推孝弟以治天下者，順而已矣。故曰：『先王有至德要道以順天下，民用和睦，上下無怨。』又曰：『夫孝，天之經也，地之義也，民之行也。天地之經而民是則之，則天之明，因地之利，以順天下。』又曰：『教民禮順，莫善於悌。』又曰：『非至德，其孰能順民如此其大者乎？』是以卿大夫、士本孝弟忠敬以立身處世，故能保其禄位守其宗廟，反是則犯上作亂，身亡祀絶。春秋之權所以制天下者，順逆閒耳。魯臧齊慶，皆逆者也。此非但孔子之恒言也，列國賢卿大夫莫不以順逆二字爲至要，是以春秋三傳、國語之稱順字最多，皆孔子孝經之義也。不第此也，易之坤爲順也，易之稱順者最多，亦孔子孝經、春秋之義也。詩之稱順者最多，亦孔子孝經、春秋之義也。聖人治天下萬世，不别立法術，但以天下人情之順逆敘而行之而已。故孔子但曰：『至德要道，以順天下』也。」

民用和睦，上下無怨。

先王之治，務在和睦無怨，堯典「九族既睦，協和萬邦，黎民於變時雍」，堯之舉舜，「克協以孝」，是以「五典克從，四門穆穆」，周公嚴父配天，四方民大和會，皆以孝順天下、和睦無怨之事。天下治亂，視乎人心聚散，聚則治，散則亂；聚則强，散則弱；聚則富，散則貧；聚則知，散則愚。和睦無怨則聚，怨而不和則散。先王因人心之固有，導之相愛相敬，而天下如一家，中國如一人，各竭其聰明材力，以相生相養相保，莫大災患，無不弭平，莫大功業，無不興立。是以聖王在上，不言富而天下莫富焉，不言强而天下莫强焉，其所因者本也。

夫孝，德之本也，教之所由生也。

鄭氏曰：「人之行，莫大於孝，故爲德本。」黄氏曰：「本者，性也；教者，道也。本立則道生，道生則教立。先王以孝治天下，本諸身而徵諸民，禮樂教化於是出焉。」

「身體髮膚」兩節

鄭氏説以祭義曰：「父母全而生之，已當全而歸之。」祭義論孝語皆見曾子。曾子十篇及哀公問篇皆與孝經相表裏，學者當合讀之。黄氏曰：「教本於孝，孝根於敬。敬身以敬親，敬親以敬天，不敢毁傷，敬之至也。爲天子不毁傷天下，爲諸侯不毁傷家國，爲士庶不毁傷其身，持之以嚴，守之以順，存之以敬，行之以敏，無怨於天下，而求之於身，然後身見愛敬於天下。身見愛敬於天下，則天下亦愛敬其親矣，故立教者終始於此也。」又曰：「毁傷者何謂也？曰：暴棄之謂也。」阮氏福曰：「孔子爲弟子講學，日以『不敢』二字爲義，孝經十八章，自天子至庶人，凡言『不敢』者九。曾子謹遵孔子之訓，故曾子十篇，凡言『不敢』者十有八。論語曾子曰：『戰戰兢兢，如臨深淵，如履薄冰，而今而後，吾知免夫』，即不敢毁傷之義。」北史蘇綽戒子曰：「讀孝經一卷，足以立身治國。」案『不敢毁傷』，守身以事親也，『立身行道』，成身以成親也。孝以不毁爲始，揚名爲終，則非法不言，非道不行，一舉足不敢忘父母，一出言不敢忘父母，居上不敢驕，爲下不敢亂，在醜不敢争。所求乎子以事父，所求乎臣以事君，所求乎弟以事兄，所求乎朋友先施之，不敢不勉；愛日以學，及時以行，不敢不力。教人不敢不誠，蒞官不敢不敬，戰陣不敢不勇。君父之憂，生民之患，萬世之名教綱常，四海之内，兄弟之顛連而無告者之身家性命，不敢不引爲己任。如此爲孝，則始乎爲士，終乎爲聖人。天子至庶人皆如此爲孝，則上下各隨其分，以盡其愛敬，内順治而外無敵矣。又案孝經推愛親敬親之心，以極于愛敬天下。天下國家之本在身，身受於親，敢不敬乎？孝子之事親有窮，而事親之心無窮。身没而名立，則身不没，親亦不没。天之所生，地之所養，無人爲大。名存則身存，身存則親與生我之天、養我之地俱存。故曰：「仁人事親如事天，事天如事親」。

孝子成身，人受天地之中以生，其形題直正當天地，立德、立功、立言，則與天地參，故身曰立。萬物皆備於我，盡性踐形，目可極天下之明，耳可極天下之聰，盡其性以盡人之性，則親親之仁，敬長之義，達之天下，忠信篤敬，行乎蠻貊，故道曰行。聖人愛敬天下之心無窮，必使萬世之人永被其愛敬，言爲世法，動爲世道，一舉其名而三綱五常繫焉。故性善必稱堯、舜，而人心皆有仲尼。名存則道存，道存則萬世之天下無弱不可强，無亂不可治。天見其明，地見其光，日月可掩食，而不可損其明，夫是之謂揚名。又案聖賢學問，帝王事業，皆基於不敢。不敢之心，以事天則小心翼翼也，以事君則夙夜匪懈也，以治民則小人難保，往盡乃心，無康好逸豫也，以治軍則臨事而懼、好謀而成，日討國人、日討軍實，而申儆之也。世道衰微，人心思亂，敢於忘親，敢於背君，敢於棄身，敢於縱欲，敢於廢弛暴棄，而生民之禍亟矣。聖賢之教，仁爲己任，死而後已，一息尚存，不敢少懈。故自天子至庶人，皆當孝有終始。中庸致中和之功，始於戒慎恐懼；周易成既濟之治，由於自强不息，其義一也。

「夫孝，始於事親」節

黄氏曰：「始於事親，道在於家，中於事君，道在天下，終於立身，道在百世。爲人子而道不著於家，爲人臣而道不著於天下，身歾而道不著於百世，則是未嘗有身也，未嘗有身，則是未嘗有親也。天子之事天，亦猶是矣。詩曰：『我其夙夜，畏天之威，于時保之。』保身之與保天下，其義一也。」案孝經言孝，而切切以事君爲訓，曰：「中於事君」，曰：「夙夜匪懈，以事一人」，曰：「資於事父以事君而敬同」，曰：「君取其敬」，曰：「以孝事君則忠」，曰：「父子之道，天性也，君臣之義也」，曰：「爲下不亂」，曰：「要君者無上」，曰：「敬其君則臣悦」，曰：「教以臣，所以敬天下之爲人君者」，曰：「事親孝，故忠可移於君」，曰：「當不義，則臣不可以不争於君」，而結以事君章。蓋君臣者，人治之大，天下一日無君，則弱肉强食，争奪相殺，生民莫得保其父子。故孝經大義，在天子至庶人各盡其愛敬，君明臣忠，上仁下義，以各保其祖父所傳之天下國家、身體髮膚，如此則君君、臣臣、父父、子子而天下大治。故孝子事君必忠，孝弟之人，不好犯上作亂，爲仁天下之本，所謂聖法者如此。聖人之所以爲聖人，以其奠安萬世之父子君臣也。亂臣賊子欲致難於君父，必先殫殘聖法，是以往者大慝未作之先，黜周王魯、素王改制之誣説，先已簧鼓鼎沸。豈知春秋討亂賊，孝經明君臣父子大義，聖人至教自相表裏，炳如日星。且孝經言以孝順天下之道，必推本先王，嚴父配天，特稱后稷、文王、周公。中庸述孝經、春秋之義曰：「非天子，不議禮，不制度，不考文」，曰：「吾學周禮，今用之，吾從周」，曰：「憲章文、武」，尊王之義，所以立人倫之極，而維天地之經，布在方策，豈奸逆所能誣？特風俗日非，人心好亡惡定，凶德悖禮之説，横流日甚，胥天下而裂冠毁冕，拔本塞源，浩劫弭天，殺機遍地，不勝爲乾父坤母之赤子憂耳。曰：「君子反經而已矣」，聚百順以事君親，明聖法可以息邪暴而已矣。又案事親、事君、立身，三事相維，要君、非聖、非孝，三禍相因。不孝不弟，則本心已死，何惡不爲。事君不忠，則誤國殃民，爲蠻夷寇賊、莠民邪説之先驅。聖道不明，則是非無正，而無父無君，横行無忌。撥亂反正，匹夫之賤以天下爲己責，在家則敦行孝弟，無忝所生，出則竭至忠以濟國，本博學以爲政，處則守死善道，立言誨人，扶植名教，發人天良，禦灾捍患，庶有萬一之助乎？

大雅云：「無念爾祖，聿脩厥德。」

鄭氏曰：「雅者，正也。方始發章，以正爲始。」案此即春秋大始正本之義。孔子尊周，憲章文、武，周以文王爲大祖，禮樂法度所自出。故春秋「元年春王正月」，傳曰：「王者孰謂？謂文王也。」孝經首章引文王之詩以證孝德，故曰：「文王既没，文不在兹乎？」

天子章

愛親者，不敢惡於人。敬親者，不敢慢於人。

案愛敬二字爲孝經之大義，六經之綱領。六經皆愛人敬人之道，而愛人敬人出於愛親敬親。愛親敬親，孝之始，不敢惡慢於人，孝之終。禹思天下有溺者，由己溺之，稷思天下有飢者，由己飢之。四海之内有一物不得其所，即天子惡慢之，四境之内有一人不得其所，即諸侯惡慢之，推之卿大夫、士、庶人，於官守職業有一未盡，即惡慢也，即孝無終始，將使患及其身，以及其親也。如此爲孝，敢不敬乎？孝經之義，自天子至庶人，自有生至没身，終始於敬，以盡其愛而已。愛敬非有二義，有惻怛護惜之心，必有慎重孰勉之意。父母之於子，愛之至也，惟其至愛，故扶持保抱，顧復拊畜，心誠求之，不知勞瘁，如執玉，如奉盈，所謂敬也。反而思之，愛敬可知矣，擴而充之，愛敬無窮矣。阮氏釋敬曰：「古聖人造一字，必有一字之本義，本義最精確無弊。敬字从苟从攴，苟篆文作苟，音亟。非苟音狗。也。苟，即敬也，加攴以明擊敕之義也。警从敬得聲得義，故釋名曰：『敬，警也，恒自肅警也。』此訓最先最確。蓋敬者，言終日常自肅警，不敢怠逸放縱也。故周書謚法解曰：『夙夜警戒曰敬。』虞翻易逸象曰：『乾爲敬。』易曰：『君子終日乾乾，夕惕若厲。』書曰：『節性惟日其邁。』日邁者，日乾乾也。」周書以無逸名篇，國語敬姜論勞逸之義，爲千古至言，孔子嘆之，此敬姜之所以爲敬也。敬字古訓以肅警無逸爲義，凡服官之人、讀書之士當終身奉之。」案愛立於敬，孝經言不敢，即敬字之義。「愛親者，不敢惡於人。敬親者，不敢慢於人。」五孝所同，而天子者，立愛敬之極者也，故首發之。

愛敬盡於事親，而德教加於百姓，刑于四海，蓋天子之孝也。

黄氏曰：「天子者，立天之心。立天之心，則以天視其親，以天下視其身。以天視親，以天下視身，則惡慢之端無繇而至也。」案天子以天下爲體，惟天惟祖宗全付有家，百姓有過，在予一人，四方有敗，必先知之。凡養民、理財、用人、治兵，周官六典，中庸九經，皆天子德教之實，必使百姓四海，人人被其愛敬之德，人人順其愛敬之教，皆愛親敬親以相愛相敬，合敬同愛，備物致用，足食足兵，無敵順治，而後全受天祖者，爲無所毀傷，而後一人有慶無患，否則秦、隋之暴固惡慢，周末之衰亦惡慢矣。天子者，以一人之心力，庇萬萬生靈之身家性命者也。故孝經言治天下之道在順，而所以順之者在敬，即易乾坤之義，終日乾乾，自强不息，所以萬國咸寧，保合大和，君健而天下順也。又案孟子言「天子不仁不保四海，諸侯不仁不保社稷」云云，正發明五孝之義，所謂孝無終始，患及其身也。孝經於諸侯以下皆著「然後能保守」之文，見反是即不能保守。於天子獨不然者，諸侯以下之不保，或由於上之削黜，天子則至尊無上。當時王室衰微，天下乖戾，無君君之心。聖人志在尊王，故總著其義於後，而深没其文於此，所以辨上下，定民志，即春秋書王以制叛亂之義。所謂「春秋作而亂臣賊子懼」，「春秋天子之事」，於此見矣。

諸侯章

「在上不驕」節

鄭氏曰：「費用約儉，謂之制節。愼行禮法，謂之謹度。無禮爲驕，奢泰爲溢。」

元氏澹曰：「貴不與驕期而驕自至，富不與侈期而侈自來，故戒之。」漢敕曰：「親親之恩，莫重於孝，尊尊之義，莫大於忠。故諸侯在位不驕，以致孝道，制節謹度，以翼天子，然後富貴不離於身，而社稷可保。」說苑敬愼篇曰：「高上尊賢，無以驕人，聰明聖智，無以窮人，資給捷速，無以先人，剛毅勇猛，無以勝人。不知則問，不能則學。雖知必質，然後辨之，雖能必讓，然後爲之。故士雖聰明聖智，自守以愚，功被天下，自守以謙，勇力距世，自守以怯。此所謂『高而不危，滿而不溢』者也。」呂氏春秋說楚雞父之敗曰：「凡持國，太上知始，其次知中，其次知終。三者不能，國必危，身必窮。孝經曰：『高而不危，所以長守貴也。滿而不溢，所以長守富也。富貴不離其身，然後能保其社稷而和其民人。』楚不能之也。」阮氏福曰：「此可見孔子以春秋、孝經相爲輔教之義。如知孝經不危、不溢、保和之義，則無雞父之戰不保之危矣。凡春秋二百數十年中，諸侯、卿大夫、士之不保社稷、祭祀、禄位者，皆可以此推之。」案楚之敗於吴，實敗於囊瓦爲政，貪婪無藝，讒慝宏多，綱紀廢弛也。自攜其民，内政不修，則輕敵固亡，畏敵亦亡。國家閒暇，及是時明其政刑，雖大國必畏之。文王卑服，即康功田功，不敢盤于遊田，而伐昆夷。齊桓公作内政而霸諸侯，衛文公大布之衣，大帛之冠，務財訓農，通商惠功，敬教勸學，授方任能，而克邢、狄。越王勾踐早朝晏罷，生聚教訓，而沼吴。易亡爲存，轉弱爲强，未有不自不驕不溢始者。若不能實事求是，勤民恤功，整飭吏治，固結人心，備豫兵食，而徒爲緩敵苟安之計，則敵見我之無志無用，必吞噬無餘而後已。六國之滅於秦，職是故也。富貴社稷民人之保與不保，不視乎敵勢之强弱，邦交之善否，而視乎人君敬怠義欲之一心。吏治之善惡，君心之敬怠轉移之。民生之肥瘠，君心之義欲消息之。敬勝怠者吉，怠勝敬者滅，義勝欲者從，欲勝義者凶。凡事不强則枉，不敬則弗正。强者弗滅，敬者萬世。在上不驕，敬勝怠也，制節謹度，義勝欲也。戰戰兢兢，自强不枉，然後能保其富貴以事其先君。聖人非教在上者私其富貴也，有天下有國者之富貴，萬萬生靈之身家性命繫焉。故鄭人有棟折榱崩之懼，豳詩有覆巢破卵之憂，君民一體也。

詩云：「戰戰兢兢，如臨深淵，如履薄冰。」

鄭氏曰：「義取爲君恒須戒慎。」阮氏福曰：「孔、曾之學皆主戒懼，故曾子立事篇曰：『君子取利思辱，見惡思詬，嗜欲思耻，忿怒思患，君子終身守此戰戰也。』又曰：『昔者天子日旦思其四海之内，戰戰惟恐不能乂也；諸侯日旦思其四封之内，戰戰惟恐失損之也；大夫士日旦思其官，戰戰惟恐不能勝也；庶人日旦思其事，戰戰惟恐刑罰之至也。是故臨事而栗者，鮮不濟矣。』孝經十八章、曾子十篇皆無泰然自得氣象。論語曰：『曾子有疾，召門弟子曰：「啓予足，啓予手。詩云：『戰戰兢兢，如臨深淵，如履薄冰。』而今而後，吾知免夫。」』是曾子一生，皆守孝經戰戰兢兢之大義，以至於没世也。」

卿大夫章

非先王之法服，不敢服；非先王之法言，不敢道；非先王之德行，不敢行。

孟子準此文以爲訓曰：「服堯之服，誦堯之言，行堯之行。」先儒謂：「聖賢之訓，皆以服在言行之先。蓋服之不衷，則言必不忠信，行必不篤敬。中庸脩身，亦先以齊明盛服。都人士之狐裘黄黄，所以出言有章，行歸于周也。」案先王制禮，因民生日用不可離之事而爲之節文，以達其愛敬之心。人受天地之中，肖天地之貌，聖人因其適體之用而制之法，使超然異於毛羽之禽獸而有以自好，慎行其身，因以敦典秩禮，表德定分。故古者深衣，有制度以應規矩，繩權衡，規矩取其無私，繩取其直，權衡取其平，可以爲文，可以爲武。禮始於冠，服備而後容體正，顔色齊，辭令順，爲行禮之本，三加弭尊，諭其志以進其德，皆制之於外以安其内，使惰慢邪僻之氣不設於身體，日迁善而不自知也。世之衰也，以天地之性最貴，可聖可賢之身，而甘爲惰游不齒之服；以君父生成，涵濡中國數千年來禮俗教化，可忠可孝之身，而忍爲壞法亂紀之服。陷溺人心，敗壞風俗，毀傷其身，灾及其親，不法之害，未知所底。正經興民，激其廉恥，動其天良，俾違邪歸正，夫逆效順。是在卿大夫之法言德行。又案禮士相見經曰：「與君言，言使臣。與大人言，言事君。與老者言，言使弟子。與幼者言，言孝弟於父兄。與衆言，言忠信慈祥。與居官者言，言忠信。」是謂法言。冠義曰：「成人之者，將責成人禮焉，責成人禮焉者，將責爲人子、爲人弟、爲人臣、爲人少者之禮行焉，將責四者之行於人，其禮可不重與？故孝弟忠順之行立而後可以爲人，可以爲人而後可以治人也。」衛將軍文子篇：「孔子曰：『孝，德之始也。弟，德之序也。信，德之厚也。忠，德之正也。參也，中夫四德者矣。』」是謂德行。又案春秋時卿大夫尚多法言德行，故文、武之道未墜於地，至戰國時則事君無義，進退無禮，言則非先王之道，邪説淫辭，深中人心，毒徧天下，賊民興，喪無日矣。卿大夫非法不言，非道不行，而後能格君心之非，正人心之邪。諸葛之公誠，司馬之忠信，朱子之誠正，得之矣。

然後能守其宗廟。

阮氏曰：「孝經卿大夫之孝，以保守其家之宗廟祭祀爲孝。如此爲孝，則不敢作亂，則不敢不忠、不仁、不義、不慈。齊之慶氏，魯之臧氏，皆叛于孝經者也。儒者之道，未有不以祖父廟祀爲首務者，曾子無廟祀而啟其手足，亦此道也。」

士章

資於事父以事母而愛同，資於事父以事君而敬同。

劉氏瓛曰：「父情天屬，尊無所屈。」　案天無二日，土無二王，家無二主，尊無二上。天之生物，使之一本。子者，父之子，母統於父。資於事父以事母而愛同，夫爲妻綱，故父爲子綱。父者，子之天；君者，臣之天。資於事父以事君而敬同，故君爲臣綱。三綱者，人倫之本，愛敬之原。凡民莫不由之，而知其義者，士也。故制禮自士始，士可不以名教綱常爲己任乎？

故以孝事君則忠，以敬事長則順。

鄭氏曰：「移事父孝以事於君，則爲忠矣。移事兄敬以事於長，則爲順矣。」　舊説云：「入仕本欲安親，非貪榮貴也。若用安親之心，則爲忠也；若用貪榮之心，則非忠也。」嚴植之曰：「上云君父敬同，則忠孝不得有異。故以至孝之心事君必忠也。」案以安親之心事君，則知君民一體，休戚相同，正色立朝，竭忠盡智，公家之利，知無不爲，危急存亡，有死無二。若用貪榮之心，則孟子所謂懷利以事君者，背君親而爲不義，敗國殄民，惟利是圖，行同狗彘，勢所必至矣。

然後能保其禄位。

君子之於禄位，非其道，則禄之以天下弗顧也；由其道，則一命之榮皆君父之恩，不敢失墜。孟子曰：「惟士無田，則亦不祭。」士之失位，猶諸侯之失國家，此孝經之義也。蓋不義而得禄位，忝所生也。不義而失禄位，亦忝所生也，君子之於禄位，得之以義，保之以義。

庶人章

「用天之道」節

案天子之孝，人之所以參天地也，庶人之孝，人之所以異於禽獸也。諸葛武侯便宜十六策曰：「經云：『庶人之所好者，「所好者」三字疑「所謂孝者」四字之譌。惟躬耕勤苦，謹身節用，以養父母，制之以財，用之以禮。豐年不奢，凶年不儉，素有積蓄，以儲其後。』」

「故自天子至於庶人」節

黃氏曰：「不敢毀傷，孝之始也。立身顯親，孝之終也。謹身以事親則有始，立身以事親則有終，孝有終始，則道著於天下，立於百世。敬愛其身而惡慢終之，（案「身」當爲「始」，靡不有初，鮮克有終，終之實難。且孩提愛親，少長敬兄，人固無不愛敬其始者，放其良心則不能終矣。）小則毀傷其身，大則毀傷天下。曾子曰：『旣患緜生，自纖纖也，君子夙絶之。』夙絶之如何，曰：敬而已矣，君子未有不敬而免於患者也。」案，聖人之道，務在有始有卒。故周易首乾，自强不息，堯典始欽，禮主於敬，論語首學而時習，稱仁爲己任，死而後已。學本於有恒，化成於久道，真積力久，則强立不反。政如農功，日夜以思，思患豫防則身安而國家可保。堯戒曰：戰戰栗栗，日慎一日。詩曰：「我日斯邁，而月斯征」，

「夙興夜寐，無忝爾所生」。是以君子憂深思遠，朝夕匪懈，無有師保，如臨父母，惟恐百密一疏，以釀家國莫大之禍，以貽君親之憂，失生民之望。傳曰：「能者養之以福，不能者敗以取禍。是故君子勤禮，小人盡力。」否則怠慢忘身，惑灾所聚。唐明皇注此經不從鄭注，訓患爲禍，蓋驕泰之心已萌，知得而不知喪。阮氏福曰：「孔子於諸侯、卿大夫、士皆言然後能保其社稷、宗廟、禄位，獨於天子、庶人未言保守，故於此總結言及禍患，五等所同，天子當防患及也。明皇講此經不知患及天子之義，似孔子論孝之時已豫括天寶之事，所繫豈不大哉？」案，聖人之訓，炳若日月，萬世治亂，莫之能外，即今西國之所以能富能强，亦不過上下情通，同心協力，有合於愛之義，實事求是，弗能弗措，有合於敬之義。故西學富强之本，皆得我中學之一端，中國之所以貧弱，不在不知西學而在自失我中學。聖人之道，得其全者王，得其偏者强，而無實甚至背馳而充塞之者亡。夫必實踐我中學而後可以治西學，而後可以富强無患。

三才章

夫孝，天之經也，地之義也，民之行也。

春秋繁露：「河間獻王問溫城董君曰：『孝經曰：「夫孝，天之經，地之義」，何謂也？』對曰：『天有五行，木火土金水是也。木生火，火生土，土生金，金生水。水爲冬，金爲秋，土爲季夏，火爲夏，木爲春。春主生，夏主長，季夏主養，秋主收，冬主藏。藏，冬之所成也。是故父之所生，其子長之，父之所長，其子養之，父之所養，其子成之，諸父所爲，其子皆奉承而續行之，不敢不致如父之意，盡爲人之道也。故五行者，五行也。由此觀之，父授之，子受之，乃天之道也。故曰：「夫孝，天之經也」，此之謂也。』王曰：『善哉，天經既得聞之矣，願聞地之義。』對曰：『地出雲爲雨，起氣爲風。風雨者，地之所爲，地不敢有其功名，必上之於天命，若從天氣者，故曰天風天雨也，莫曰地風地雨也。勤勞在地，名一歸於天，非至有義，其孰能行此？故下事上，如地事天也，可謂大忠矣。土者，火之子也。五行莫貴於土，土之於四時，無所命者，不與火分功名。木名春，火名夏，金名秋，水名冬。忠臣之義，孝子之行，取之土者，五行最貴者也，其義不可以加矣。五聲莫貴於是宮，五味莫美於甘，五色莫勝於黃，此謂孝者地之義也。』王曰：『善哉。』」　案大哉乾元，萬物資始，至哉坤元，萬物資生。元者，天地之本，萬物資之以爲心，所謂仁人心也。孝爲仁之本，元氣之最先見者。道之大原出於天，天不變道亦不變，故曰：天之經。地順承天，孝子之行，忠臣之義，取諸地，故曰：地之義。

天地之經，而民是則之。則天之明，因地之利，以順天下。

鄭氏曰：「孝弟恭敬，民皆樂之。」　案天地之元，民實資之，乾以易知，坤以簡能，不學而能，不慮而知，故曰「天地之經，而民是則之」。易則易知，簡則易從，易知則有親，易從則有功，有親則可久，有功則可大，易簡而天下之理得，故則天因地，以順天下，則人人親其親、長其長而天下平。明者，天之所以命人者也，孩提之童，無不知愛其親。天命之性，生而知之，因其性善而擴充之，是謂則天之明。利者，地之所以養人者也，君君、臣臣、父父、子子，則自天子至於庶人，各保其天下國家、身體髮膚以享土利，是謂因地之利。又案天之明，人之所以知愛知敬也，地之利，人之所以能愛能敬也。利者，義之和也，即順也。地以至順承天，則品物咸亨，保合大和，親親敬長，則達之天下，和睦無怨。記曰：「君明，臣忠，父慈，子孝，兄良，弟弟，夫義，婦聽，長惠，幼順，謂之人義；講信修睦，謂之人利。」義利一也，未有不義而能利者。元氏曰：「此經全同左傳子太叔答趙簡子問禮，明孝之與禮其義同。」阮氏福曰：「孝經『則』字凡四見。此章云：『而民是則之』，『則天之明』。又聖治章云：『民無則焉』，『則而象之』。『則』字之義，譬如繩尺規矩，周人最重之。故左傳載公孫枝對秦伯曰：『唯則定國。』季文子使史克對宣公引周禮曰：『則以觀德』。又引誓命曰：『毀則爲賊。』」

先王見教之可以化民也。

見者，先知先覺也。則天因地，以順天下，以天治人也。見教之可以化民，因其固有而利導之，以人治人也。先之以博愛，先之以敬讓，以己治人也。有諸己而後求諸人，以身教者從，至誠而不動者，未之有也。白虎通曰：「教者，效也。上爲之，下效之。民有質樸，不教不成。故孝經曰：『先王見教之可以化民。』」

先之以博愛，而民莫遺其親。

博愛者，本愛親之心以愛人。民興於愛，則惻然自動其孩提愛親之心，故莫遺其親。博愛，仁也，未有仁而遺其親者。漢書刑法志曰：「上聖卓然先行敬讓博愛之德者，衆心説而從之。」又曰：「仁愛德讓，王道之本。」

陳之以德義而民興行。

德若周禮三德、六德。義謂十義。愛親之心，德之本也。仁者仁此，義者宜此，忠者中此，信者信此。以爲君則明，以爲臣則忠，以爲兄則良，以爲弟則弟，以爲長則惠，以爲幼則順，無所處而不當也。陳者，張設布列之意。民既動其愛親之心，則可陳之以德義而百行立矣。

先之以敬讓而民不爭。

元氏曰：「君身先行敬讓，則天下自息貪競。」

示之以好惡而民知禁。

禮記緇衣曰：「君民者，章好以示民俗，慎惡以禦民淫，則民不惑矣。」鄭氏說以孝經曰：「示之以好惡而民知禁。」

孝治章

是以天下和平，災害不生，禍亂不作。

阮氏曰：「此反覆申明首章『民用和睦，上下無怨』之義。自古民之怨秦怨隋極矣，是以禍亂速作。唐之天寶，宋之新法，亦皆怨而不和，是以災害禍亂。惟民心和睦者，天下必久太平。孔子之言，歷歷明驗矣。」

聖治章

天地之性人爲貴。

鄭氏曰：「貴其異於萬物也。」董子曰：「天地之精，所以生物者，莫貴於人，人受命乎天也，故超然有以倚。物疢疾莫能爲仁義，惟人獨能爲仁義。物疢疾莫能偶天地，惟人獨能偶天地。人有三百六十節，偶天之數也；形體骨肉，偶地之厚也；上有耳目聰明，日月之象也；體有空竅理脈，川谷之象也；心有哀樂喜怒，神氣之類也。觀人之體，一何高物之甚而類於天也。物旁折，取天之陰陽以生活耳，而人乃爛然有其文理。是故凡物之形，莫不從伏旁折天地而行，人獨題直立端尚正正當之。是故所取天地少者旁折之，所取天地多者正當之。此見人之絶於物而參天地。」又曰：「人受命於天，固超然異於群生。入有父子兄弟之親，出有君臣上下之誼，會聚相遇則有耆老長幼之施，粲然有文以相接，驩然有恩以相愛，此人之所以貴也。生五穀以食之，桑麻以衣之，六畜以養之，服牛乘馬，圈豹檻虎，是其得天之靈貴於物也。故孔子曰：『天地之性人爲貴。』」阮氏曰：「孝經言『天地之性人爲貴』，可見人與物同受天性，惟人有德行，行首於孝，所以爲貴，而物則無之也。性字本從心從生，先有生字，後造性字。商、周古人造此字時即以諧聲，聲亦意也。告子『生之謂性』一言，本古訓。而告子誤解古訓，竟無人物善惡之分，其意中竟欲以禽獸之生與人之生同論，與孝經人爲貴之言大悖，是以孟子闢之。蓋人性雖有智愚，然皆善者也。」焦氏循説伏羲之畫卦云：「情性之大，莫若男女，人之性，孰不欲男女之有别也。方人道未定，不能自覺，聖人以先覺覺之，故不煩言而民已悟焉。民知母而不知父，與禽獸同。伏羲作八卦而民悟，禽獸仍不悟也。此人性之善所以異乎禽獸。」

案人性之善，絶乎物而參天地者，在知三綱五常。孩提愛親，五常之本；别夫婦以正父子，三綱之本。聖人愛敬天下，生養保全萬萬生靈之盛德大業，皆從此出，故曰：「人之行莫大於孝」，「明王以孝治天下」。

孝莫大於嚴父，嚴父莫大於配天，則周公其人也。

蓋大孝尊親，博施備物，使天之所生，地之所養，祖父之所全付，凡有血氣，無不被我愛敬，以萬國之歡心事其先王，集天下之和氣升之郊廟，而後爲無所毁傷，而後孝之能事畢。郊祀宗祀配以祖父，此周公立人倫之極，爲制禮之本。孝莫大於嚴父，故周禮以尊尊統親親，萬世彝倫於是敘焉。

故親生之膝下，以養父母日嚴。

「親生之膝下」者，謂親身生之膝下。「以養父母日嚴」者，以愛養父母日加嚴敬。顧氏炎武曰：「孩提之童，知愛而已，稍長然後知敬。知敬然後能嚴。子曰：『今之孝者，是謂能養，至於犬馬，皆能有養。不敬，何以別乎？』故『雞初鳴而衣服，至於寢門外』，『問衣燠寒，疾痛苛癢而敬抑搔之。出入，則或先或後，而敬扶持之』，敬之始也。詩云：『戰戰兢兢，如臨深淵，如履薄冰。』『而今而後，吾知勉夫』，敬之終也。日嚴者，與日而俱進之謂。」

聖人因嚴以教敬，因親以教愛。

教即禮也。冠、昏、喪、祭、聘、覲、射、鄉，無一非因嚴教敬，因親教愛。讀孝經而後，知禮之協乎天性，順乎人情。

父子之道，天性也。

此中庸性、道、教之義所自出。性者，生也，天性猶云天生。生之膝下，一體而分，喘息呼吸，氣通於親，子之親嚴其父母，天生自然，所謂「天命之謂性」，孟子所謂「性善」也。天性親嚴，是謂父子之道，五倫皆從此起，所謂「率性之謂道」，「天下之達道五」也。聖人因人親嚴之天性，而教之愛敬，所謂「修道之謂教」也。父子之道天性，「自誠明謂之性」也；因嚴教敬，因親教愛，「自明誠謂之教」也。

君臣之義也。

家人有嚴君焉，父母之謂也。人有會歸，而後人人得保其父子。天下國家、身體髮膚，父傳之，子受之，上下各思永保其父子，而後君臣各盡其道。故父子之道，爲君臣之義所自出。故孝子事君必忠。

父母生之，續莫大焉；君親臨之，厚莫重焉。

續，猶屬也。五服之親，皆骨肉相連屬，而父母生之，一體而分，故續莫大焉。長幼之施，朋友之誼，睦婣任恤，皆相厚之道，而有父之親，有君之尊，生養教誨，全付有家，永保勿替，故厚莫重焉。故愛敬他人必自愛親敬親推之，而聖人之德無以加於孝。故親生之膝下，父母生之，續莫大焉。漢書藝文志謂諸家説多不安。今反覆經義，説之如此。

「故不愛其親而愛他人者」節

左傳季文子使太史克數莒僕之罪，以對宣公，曰：「先君周公制周禮，曰：『則以觀德，德以處事，事以度功，功以食民。』作誓命曰：『毁則謂賊，掩賊爲藏，竊賄爲盜，盜器爲姦，主藏之名，賴姦之用，爲大凶德。有常無赦，在九刑不忘。』行父還觀莒僕，莫可則也。孝敬忠信爲吉德，盜賊藏姦爲凶德。夫莒僕，則其孝敬，則弑君父矣；則其忠信，則竊寶玉矣。其人則盜賊也，其器則姦兆也。保而利之，則主藏也。以訓則昏，民無則焉。不度於善而皆在於凶德，是以去之。」案史克述周公之訓，以正亂賊之罪，孝經用其語，此即魯之春秋其文則史，而孔子取其義，可見春秋、孝經相輔爲教。又可見孝經明大順，春秋誅大逆，皆本於周公之則。則，法也。至德要道則天下順，悖德悖禮則民無則，此可見人性之善、好惡之同。「則以觀德」者，立父子君臣之則，以觀孝經忠信之德。有孝敬忠信之德，則親親仁民愛物、相生相養相保之事功皆從此起，未有事功不本於德者。漢制使天下誦孝經，東漢節義之所以盛，國本之所以固也。曹操欲求不孝、不弟、污辱之人而有濟國安民之略者，魏之所以遽見篡奪。魏、晉以後，所以數百年天下大亂，綱常墜地，生民塗炭，所謂「雖得之，君子不貴」，聖人之言，豈不大彰明較著哉？凡事之不近人情者，鮮不爲大姦慝。不愛敬其親而愛敬他人者，豈真能愛敬他人哉？將收拾人心，要結死黨，以濟其大姦大惡，其始誘以鈎餌，其終納之湯火。先爲邪説淫辭，以蠱惑迷亂人之心志，而後使人忘其親、忘其身而從之，如病風發狂，蹈河掬火，陷於悖逆誅死之地而後已。故墨翟之兼愛，非兼愛也，兼惡也；其無父也，將以無君也。彼其人有精明强忍之才，博物多能之學，以兼愛之説招集徒黨。設積日累久，諸侯稍衰，將無事不可爲。彼見君臣之義之出於父子也，於是先決父子之倫，彼恐人之讀書，知大義而不信己也，於是教人不讀書。鞅、斯之焚書，以肆其凶虐，曹操之求不孝不弟之人，以爲篡漢先聲，皆此意也。三綱相須而成。今日之爲邪説者，又欲决夫婦之綱，以亂天下之父子，以顛倒君臣，則其智更奸，其禍更速矣。夫人情莫不欲人之愛己，聖人之愛人也以至誠，姦人之愛人也以大僞。誠僞之别，萬萬生靈生死之關，何以别之？以其愛親與不愛親别之。故孝經者，仁之至，智之盡。以孝經之道觀人，視其所以，觀其所由，察其所安，人心之厚薄邪正不爽毫黍。莊子曰：「盜不得聖人之道不行，爲之權衡以信之，則并與權衡而竊之。」夫苟以孝經爲權衡，凶德之盜惡從而竊之哉。

「君子則不然」節

春秋繁露曰：「衣服容貌者，所以説目也；聲音應對者，所以説耳也；好惡去就者，所以説心也。故君子衣服中而容貌恭，則目説矣；言理應對遜，則耳説矣；好仁厚而惡淺薄，就善人而遠僻鄙，則心説矣；故曰：『行思可樂，容止可觀』，此之謂也。」鄭氏曰：「難進而盡忠，易退而補過。」案難進者，仕爲行道，不爲利也。天下惟難進者能盡忠，中患失之鄙夫，其於君也利之而已。易退者，以道事君，不可則止也。天下無不是之君親，故思補過。阮氏曰：「此章兩言『政』字，論語引書云：『孝于惟孝，友于兄弟，施于有政。』此政必從孝友而施，即孔子孝經之所由來。猶之詩云：『民之秉彝，好是懿德』，爲孟子性善所由來。孔、孟之學未有不本之詩、書者也。」

詩云：「淑人君子，其儀不忒。」

阮氏曰：「晉、唐人言性命者，欲推之於身心最先之天。商、周人言性命者，祇範之於容貌最近之地，所謂威儀也。春秋左傳襄公三十一年衛北宫文子見令尹圍之威儀，言於衛侯曰：『令尹似君矣，將有他志。雖獲其志，不能終也。詩云：「靡不有初，鮮克有終。」終之實難，令尹其將不免。』公曰：『子何以知之？』對曰：『詩云：「敬慎威儀，惟民之則。」令尹無威儀，民無則焉，民所不則，以在民上，不可以終。』公曰：『善哉，何謂威儀？』對曰：『有威而可畏，謂之威。有儀而可象，謂之儀。君有君之威儀，其臣畏而愛之，則而象之，故能有其國家，令聞長世。臣有臣之威儀，其下畏而愛之，故能守其官職，保族宜家。順是以下皆如是，是以上下能相固也。衞詩曰：「威儀棣棣，不可選也。」言君臣上下、父子兄弟，大小皆有威儀也。周詩曰：「朋友攸攝，攝以威儀。」言朋友之道，必相教訓以威儀也。周書數文王之德曰：「大國畏其力，小國懷其德。」言畏而愛之也。詩云：「不識不知，順帝之則。」言則而象之也。紂囚文王七年，諸侯皆從之囚，紂於是乎懼而歸之，可謂愛之。文王伐崇，再駕而降爲臣，蠻夷帥服，可謂畏之。文王之功，天下誦而歌舞之，可謂則之。文王之行，至今爲法，可謂象之，有威儀也。故君子在位可畏，施舍可愛，進退可度，周旋可則，容止可觀，作事可法，德行可象，聲氣可樂，動作有文，言語有章，以臨其下，謂之有威儀也。』又成公十三年曰：『成子受脤於社，不敬。劉子曰：「吾聞之，民受天地之中以生，所謂命也。是以有動作禮義威儀之則，以定命也。能者養之以福，不能者敗以取禍。是故君子勤禮，小人盡力。勤禮莫如致敬，盡力莫如敦篤。敬在養神，篤在守業。國之大事，在祀與戎。祀有執膰，戎有受脤，神之大節也。今成子惰，弃其命矣。其不反乎？」』觀此二節，其言最爲明顯。書言威儀者二，顧命『自亂於威儀』，酒誥『用燕喪威儀』。詩三百篇中，言威儀者十有七，朋友相攝以威儀，已見於左氏所引。此外『敬慎威儀，維民之則』，『威儀抑抑，德音秩秩，受福無疆，四方之綱』，『抑抑威儀，維德之隅』，『敬慎威儀，以近有德』，則皆同乎北宮文子、劉子之説也。威儀者，言行所自出。故曰：『慎爾出話，無不柔嘉。淑慎爾止，不愆于儀』，此謂謹慎言行、柔嘉容色之人，即力威儀也。是以仲山甫之德，則『柔嘉維則，令儀令色，小心翼翼，古訓是式，威儀是力』矣。魯侯之德，則『穆穆敬明，敬慎威儀，維民之則』矣。成王之德，則『有孝有德，四方爲則，顒顒卬卬，四方爲綱』矣。且百行莫大於孝，孝不可以情貌言也。然詩曰：『敬慎威儀，維民之則，靡有不孝，自求伊祜』矣，又言『威儀孔時，君子有孝子』矣。且力於威儀者，可祈天命之福。故威儀抑抑，爲四方之綱者，受福無疆也。威儀反反者，降福簡簡，福禄來反也。此能者養之以福也，反是則威者儀不類者，人之云亡矣，威儀卒迷者，喪亂蔑資矣。且定命即所以保性，卷阿之詩言性者三，而繼之曰：『如圭如璋，令聞令望，四方爲綱。』凡此威儀爲德之隅，性命所以各正也。匪特詩也，孔子實式威儀定命之古訓矣。故孝經曰：『君子言思可道，行思可樂，德義可尊，作事可法，容止可觀，進退可度，以臨其民，是以其民畏而愛之，則而象之，故能成其德教而行其政令。詩云：「淑人君子，其儀不忒。」』論語曰：『君子不重則不威，學則不固。』此與詩、左傳之大義，無毫釐之差也。」阮氏福曰：「曾子曰：『君子所貴乎道者三，動容貌，斯遠暴慢矣。正顏色，斯近信矣。出辭氣，斯遠鄙倍矣。』亦曾子傳孝經容止威儀之義也。」卷中凡引阮文達公說，自首見外，皆稱阮氏，其子福，則每引皆兼舉名以別之，亦父前子名之義。案威儀所以定命，不敢毁傷，自力威儀始。凡人之目動言肆、舉趾高、心不固者，必有異事邪慮意外之憂。凶悍好陵人者，其後必有非常之禍；輕佻無度，作事有始無終者，其後多有夭折之患。四語得之吾友梁氏鼎芬。而家庭之閒，恣睢自由，疾行先長，尤爲世道之大憂。犯上作亂，必自幼而不孫弟始。此語得之吾友沈氏曾植。故曲禮、內則、少儀爲平治天下之本，其爲父子兄弟足法，而后民法之也。詩曰：「威儀是力」，力者，躬行實踐之謂。君子有其容，則實以君子之德，若色取仁而行違，則忒而非力矣。

紀孝行章

「孝子之事親也」節

孝經，孝之經也。曲禮、内則、少儀、文王世子之等，皆孝之傳。致敬、致樂、致憂若曲禮、内則諸篇所言是。元氏曰：「盡其憂謹之心，侍疾必謹。」元氏以謹申憂，甚善。致哀、致嚴，若禮經士喪、既夕、特牲、少牢及記檀弓、喪服小記、大傳、祭義等篇是。鄭氏説祭曰：「齋戒沐浴，明發不寐。齋必變食，居必遷坐，敬忌踧踖，若親存也。」陸氏新語曰：「曾子孝於父母，昏定晨醒，周寒温，適輕重，勉之於靡粥之間，行之於衽席之上，而德美重於後世。」按此之謂能事親。

「事親者，居上不驕」節

驕以致亡，亂以致刑，爭以致兵，此之謂毁傷。非是則夭壽不貳，修身以俟之，命也。

所欲有甚於生者，所惡有甚於死者，致命遂志，殺身成仁，義也。是故驕也、亂也、爭也，雖幸而無患，君子謂之毀傷，所謂「罔之生也幸而免」，「哀莫大於心死」也。不驕、不亂、不爭，雖不幸而死，若比干之極諫，孔父、仇牧之死難，君子謂之「全歸」，「未見蹈仁而死者」也。蹈仁而死，猶不死也，以其無毀傷之道也。故曾了臨大節而不可奪。

五刑章

五刑之屬三千，而罪莫大於不孝。

説文云：「𠫓，不順忽出也，从到子。」易曰：「突如，其來如」，不孝子出不容於內也。𠫓，即易突字也。案易曰：「突如，其來如，焚如，死如。」鄭氏曰：「不孝之罪，五刑莫大。焚如，殺其親之刑。」阮氏云：「志在春秋，爲弑君父者嚴刑法也。行在孝經，爲事君父者率性道也。文言曰：『非一朝一夕之故，其所由來者漸矣。』此易教兼春秋、孝經言之也。」元氏曰：「舊注以不孝之罪，聖人惡之，去在三千條外。」周禮賈疏曰：

「孝經不孝不在三千者，深塞逆源。」

要君者無上，非聖人者無法，非孝者無親，此大亂之道也。人生於三，事之如一，故天地者，人之本；祖父者，類之本；君師者，治之本。事親、事君、事師，其義同。大戴禮言：「大罪有五，殺人爲下。」蓋殺人者，所殘止一人，自取誅戮而已。要君、非聖、非孝，則逆天悖理之極，將驅天下爲禽獸，以召禽獮草薙、積血暴骨之禍。故聖人必首誅之，所以救同類於水火，以至順討至逆，廹於愛敬萬不得已之心而出之者也。孔子誅少正卯，誅亂臣賊子，豈得已哉？

廣要道章　廣至德章

此申明至德、要道之義。德者，愛敬也，愛敬及天下，謂之至德，孝弟是也。孟子曰：「親親，仁也，敬長，義也，無他，達之天下也。」德而曰至，以言乎其大也。道者，所以行愛敬者也，愛敬一人而千萬人説，謂之要道，禮樂是也。孟子曰：「仁之實，事親；義之實，從兄；禮之實，節文斯二者；樂之實，樂斯二者。樂則生矣，生則惡可已，則不知足之蹈之，手之舞之。」道而曰要，以言乎莫此爲善也。愛非敬不立，愛親者不敢惡於人，敬親者不敢慢於人，不敢即敬也，故曰：「語孝必本敬，本敬則禮從起」。孝弟同體，父子之道、君臣之義相須而成，孝則必弟，孝則必忠，孝以愛興敬，禮以敬治愛。古之君子躬行至德，自盡其孝弟忠敬以事父、事兄、事君，而即以敬天下之爲父、兄、君者，是之謂教，以身教也。敬天下之爲父、兄、君者，而天下之子、弟、臣皆惻然自生其事父、事君、事兄之心，是之謂悦，悦即「樂則生矣」之樂，所謂「天地之經，而民是則之」，「孝弟恭敬，民皆樂之」也。天下之子、弟、臣悦，則興孝、興弟、作忠，而愛不可勝用，敬不可勝用。尊尊、親親、長長、幼幼，以生以養、以富、以教，而上下安，型仁講讓，和親、安平、康樂而風俗成矣，故曰：「孝經者，制作禮樂，仁之本。」夫是之謂順。又案孔子行在孝經，教孝、教忠、教弟而萬世之下皆知父之爲父，君之爲君，兄之爲兄，即所以敬萬世之爲君、父、兄者也。萬世之爲子、弟、臣者，讀孝經無不自動其孝弟忠敬固有之良心，所謂子説、弟説、臣説也。子、弟、臣説，則本立道生，親愛禮順之心惡可已。擴而充之，天下無亂不可治，無散不可聚，無若不可强，故黃忠端之序孝經曰：「循是而行之，五帝、三王之治猶可以復。」

移風易俗，莫善於樂；安上治民，莫善於禮。

禮記曰：「隆禮由禮，謂之有方之士；不隆禮，不由禮，謂之無方之民。敬讓之道也，故以奉宗廟則敬，以入朝廷則貴賤有位，以處室家則父子親、兄弟和，以處鄉里則長幼有序。孔子曰：『安上治民，莫善於禮。』此之謂也。故朝覲之禮，所以明君臣之義也；聘問之禮，所以使諸侯相尊敬也；喪祭之禮，所以明臣子之恩也；鄉飲酒之禮，所以明長幼之序也；昏姻之禮，所以明男女之別也。夫禮禁亂之所繇生，猶坊止水之所自來也。故以舊坊爲無所用而壞之者，必有水敗；以舊禮爲無所用而去之者，必有亂患。故昏姻之禮廢，則夫婦之道苦，而淫辟之罪多矣；鄉飲酒之禮廢，則長幼之序失，而争鬭之獄繁矣；喪祭之禮廢，則臣子之恩薄，而倍死忘生者衆矣；聘覲之禮廢，則君臣之位失，諸侯之行惡，而倍畔侵陵之敗起矣。故禮之教化也微，其止邪也於未形，使人日徙善遠罪而不自知也。是以先王隆之也。」白虎通曰：「樂以象天，禮以法地。人無不含天地之氣，有五常之性者，故樂所以蕩滌反其邪惡也，禮所以防淫佚節其侈靡也。故孝經曰：『安上治民，莫善於禮；移風易俗，莫善於樂。』」元氏曰：「樂記禮殊事而合敬，樂異文而合愛。敬愛之極，是謂要道；神而明之，是謂至德。故必由斯人以宏斯教，而後禮樂興焉，政令行焉。以盛德之訓傳於樂聲，則感人深而風俗移易；以盛德之化措之禮容，則悦者衆而名教著明。然則韶樂存於齊，而民不爲之易，周禮備於魯，而君不獲其安，亦政教失其極耳。夫豈禮樂之咎乎？」案此引申經義以論時政。蓋明皇雖注孝經而不能躬行其道，卒有天寶幸蜀之禍。元氏見微知著，故借説經以託規諷，有慨乎其言之。夫苟不至德，至道不凝，孔子篤行至孝德，參天地，躬備聖王之道，爲禮樂之宗，言爲世法，行爲世道，制作六藝，宣教明化，以愛敬天下生民。自天子至於庶人，莫不畏而愛之，則而象之。是以崇聖之祀，尊及五世，衍聖之緒，流慶萬年。德爲聖人，尊爲帝王師，宗廟饗之，子孫保之。立身行道，顯親揚名，爲生民未有，所謂「行在孝經」。故大訓垂世，日月並明。曾子事親養志，常以皓皓，是以眉壽，修身慎行，忠實不欺，患之小者，毫髪必謹，節之大者，死生不奪。故孔子以爲能通孝道，授之業。鄭君篤信好學，守死善道，進退容止，非禮不行。故依經立注，爲學者宗。若明皇之治，有始無終，禍亂儐興，唐宗幾滅，德不足以庇百姓，言安足以闡名教？所謂「誦詩三百，授政不達，雖多奚爲」者。今之士大夫，飾虚喪實，靜言庸違，視聖賢經傳，徒爲沽名弋利之用，自賊以禍，天下。悲夫！是以中庸貴誠，論語惡佞。

教以孝，所以敬天下之爲人父者也；教以弟，所以敬天下之爲人兄者也；教以臣，所以敬天下之爲人君者也。

禮文王世子記説世子齒學之禮曰：「國人觀之曰：『將君我而與我齒讓，何也？』曰：『有父在則禮然。』然而衆知父子之道矣。其二曰：『將君我而與我齒讓，何也？』曰：『有君在則禮然。』然而衆著於君臣之義也。其三曰：『將君我而與我齒讓，何也？』曰：『長長也。』然而衆知長幼之節矣。故父在斯爲子，君在斯爲之臣。居子與臣之節，所以尊君親親也。故學之爲父子焉，學之爲君臣焉，學之爲長幼焉，父子、君臣、長幼之道得而國治。」大傳曰：「親親也，尊尊也，長長也，此不可得與民變革者也。」義皆與孝經同。由世子齒學之義，故自上至下，皆兢兢焉爲子臣弟少之事。雖天子必有父，必有兄，不敢驕溢非法，以取亂亡，所以天下和平，兆民乂安也。又案敬者，禮之本也；悦者，樂之本也。敬天下之父、兄、君，而天下之子、弟、臣悦，禮樂之所由作也。

廣揚名章

君子務本，本立而道生，其所厚者薄而所薄者厚者，未之有。故孝乎惟孝，友于兄弟，即施于有政。曾子曰：「未有君而忠臣可知者，孝子之謂也。未有長而順下可知者，弟弟之謂也。未有治而能仕可知者，先修之謂也。故曰：『孝子善事君，弟弟善事長。』君子一孝一悌，可謂知終矣。」故孝經爲教忠之本。入則孝，出則弟，即可以守先王之道而垂法後世。在上者之官人，在下者之取友，亦視其家庭之間厚薄何如耳。

居家理治，可移於官

鄭氏曰：「君子所居則化，是以行成於内，而名立於後世矣。」黄氏曰：「君子之立行，非以爲名也，然而行立則名從矣。詩曰：『文王有聲，遹駿有聲。』周公之告召公曰：『丕單稱德。』皆不諱名也。而今之君子必以名爲諱，故孝弟衰而忠順息，居家不理，治官無狀，而猥享爵禄者衆也。」顧氏炎武曰：「今人自束髮讀書之時，所以勸之者，不過所謂千鍾粟、黄金屋，而一旦服官，即求其所大欲。君臣上下懷利以相接，遂承風流，不可復制，後之爲治者宜何術之操？曰：唯名可以勝之。名之所在，上之所庸，而忠信廉潔者顯榮於世。名之所去，上之所擯，而怙侈貪得者廢錮於家，即不無一二矯僞之徒，猶愈於肆然而懷利者。南史有云：『漢世士務修身，故忠孝成俗，至於乘軒服冕，非此莫由。晉、宋以來，風衰義缺。故昔人之言，曰名教，曰名節，曰功名，不能使天下之人以義爲利，而猶使之以名爲利。雖非純王之風，亦可以救積污之俗矣。』」又曰：「漢人以名爲治，故人材盛。今人以法爲治，故人材衰。」又曰：「宋范文正上晏元獻書曰：『夫名教不崇，則爲人君者謂堯、舜不足法，桀、紂不足畏，爲人臣者謂八元不足尚，四凶不足恥。天下豈復有善人乎？人不愛名，則聖人之權去矣。』」案聖人正名百物，善善而惡惡，是是而非非，使天下灼然知善之爲善而力行之，力行之而孝敬忠信之名歸焉。身有盡而名無窮，必使言爲世法，動爲世道，篤實輝光，永久弗替，而後立身行道爲無遺憾。孝經曰：「行成於内，而名立於後世。」行成於内者，務其實不願乎外也。論語曰：「君子疾没世而名不稱」，疾其無爲善之實也。是故日月有明，人皆見之，不求名而名自歸者，上也。秉燭幽室之中，有求必見，顧名而思義，循名以致實者，次也。若夫不顧名義，不恤公論，惟利是圖，昏不知恥，則民斯爲下，其禍將使天下清濁淆亂，邪慝並興，反易天明，決裂綱常，而大亂起矣。故名之所繫至大，顧氏之言，雖未及乎孝經揚名之義，亦愛禮存羊、剥極思復之苦心至論也。

諫諍章

孝經大義，在天子、諸侯、卿大夫、士、庶人各保其天下、國家、身名。君有争臣，士有争友，父有争子，則雖有失道而不陷於兵刑亂亡，故當不義則不可以不争。嗚呼，臣子睹君父危亡將至，而秦、越相視，不關痛癢，朝廷之上，維諾泄沓，持禄保位，遂使蠻夷猾夏、寇賊姦宄之禍日甚一日。安危利菑，欺飾如故，至於河決魚爛、淪胥以亡而後已，此又與亂賊之甚者也。白虎通曰：「臣所以有諫君之義何？盡忠納誠也。愛之能勿勞乎？忠焉能勿誨乎？」荀子曰：「孝子所以不從命有三，從命則親危，不從命則親安，孝子不從命乃衷。從命則親辱，不從命則親榮，孝子不從命乃義。從命則禽獸，不從命則修飾，孝子不從命乃敬。故可以從而不從，是不子也。未可以從而從，是不衷也。明於從不從之義，而能致恭敬、忠信、端愨以慎行之，則可謂大孝矣。」又說：「子貢以子從父命爲孝，臣從君命爲貞。孔子曰：『昔萬乘之國，有争臣四人，則封疆不削；千乘之國，有争臣三人，則社稷不危；百乘之家，有争臣二人，則宗廟不毁；父有争子，不行無禮；士有争友，不爲不義。故子從父，奚子孝？臣從君，奚臣貞？審其所以從之之謂孝、之謂貞也。』」案以上皆言臣子當諫争之義。論語曰：「事父母幾諫，見志不從，又敬不違，勞而不怨。」曾子曰：「父母之行，若中道則從，若不中道則諫。諫而不用，行之如由己。從而不諫，非孝也；諫而不從，亦非孝也。孝子之諫，達善而不敢争辨。争辨者，作亂之所由興也。」白虎通曰：「人懷五常，故諫有五。其一曰諷諫，二曰順諫，三曰闚諫，四曰指諫，五曰陷諫。諷諫者，智也，知患禍之萌，深睹其事未彰而諷告焉，此智之性也。順諫者，仁也，出辭遜順，不逆君心，此仁之性也。闚諫者，禮也，視君顔色不悦且卻，悦則復前，以禮進退，此禮之性也。指諫者，信也，指者，質也，質指其事而諫，此信之性也。陷諫者，義也，惻隱發於中，直言國之害，勵志忘生，爲君不避喪身，此義之性也。」案以上皆言臣子諫争之禮。五諫蓋因事之輕重而爲之。

感應章

此章極嘆孝弟爲德之至。蓋聖人之爲孝也，必使天下盡被其愛敬，而後孝德乃大；必使萬世永被其愛敬，而後孝德乃久。王者父天母地，孝於父母者，以身存父母之神，事死如生，事亡如存，必合萬國之歡心，以事其先王，使神罔時怨，神罔時恫，而後孝思乃盡。孝於天地者，以身立天地之心，必使天之所生，地之所養，各得其所，升中於天，足以顯神明，昭至德，自天祐之，吉无不利，而後孝道乃備。故曰：「郊社之禮，所以事上帝也。宗廟之禮，所以事乎其先也。明乎郊社之禮，禘嘗之義，治國其如示諸掌乎？」夫天道遠，人道邇，行遠自邇，守約施博，德極於神明彰，而不外事父母之孝，化極於上下治，而不外長幼之順，信乎「夫孝，天之經也，地之義也」。人人親其親、長其長而天下平，堯舜之道，孝弟而已。事天明者，尊之至也；事地察者，親之至也。孝莫大於嚴父，繼人之志，述人之事，凡父所爲子，無不奉承而敬行之，不敢不致如父之意。推此以事天，用天之道以道民，通神明之德，類萬物之情，合天下愛敬之心以尊天，是謂事天明。資於事父以事母而愛同，樂其心，不違其志，樂其耳目，安其寢處，以其飲食忠養之。推此以事地，因地之利以利民，養其欲，給其求，樹木以時伐，禽獸以時殺，致天下愛敬之力以報地，是謂事地察。禮記孔子曰：「仁人之事親也，如事天，事天如事親。」鄭氏說以此經。案事天事親，皆歸於盡愛敬、不毁傷而已。又案鬼神之說，儒釋各家互爭，惟聖人之言中正無弊，得乎人心之所同安。禮記曰：「氣也者，神之盛也。魄也者，鬼之盛也。合鬼與神，教之至也。衆生必死，死必歸土，此之謂鬼。骨肉斃於下陰爲野土，其氣發揚於上爲昭明。焄蒿悽愴，此百物之精也，神之著也。」聖人之言鬼神也如是。孝經曰：「事父孝，故事天明，事母孝，故事地察，天地明察，神明彰矣。宗廟致敬，鬼神著矣。」又曰：「春秋祭祀，以時思之。」禮記曰：「惟聖人爲能饗帝，孝子爲能饗親。饗者，鄉也。鄉之，然後能饗也。」聖人之事鬼神也如是。論語曰：「未能事人，焉能事鬼？」傳曰：「聖王先成民而後致力於神。」又曰：「國將興，聽德於民，將亡，聽於神。神，聰明正直而壹者也，依人而行。」聖人之務民義而不瀆鬼神也如是。蓋氣也者神之盛，天有日月星辰，地有山川丘陵，皆積氣成形，則必有神以宰之。神形合則爲人，形神離則爲鬼。魂氣歸天，而祖考與子孫喘息呼吸，精氣相通。苟有子孫，則其必憑依之而不遽散。其先有功德，後世賴其功思其人者，其神亦必依之而常存。故天有神，地有祇，人有鬼。雖視之不見，聽之不聞，而其理固平易可得而質言也。神與人異道，聖人之爲祭祀也，非曰神嗜飲食也，以爲萬物本天，人本乎祖，報本反始，時思追養，通其精誠於神明，因以教天下順天事親，以立愛敬之本也。神與人異職，聖人之言禍福也，曰：「神福仁而禍淫」，曰：「求福不回」，曰：「自求多福」，禍福無不自己求之者。仁則榮，不仁則辱，國家明其政刑，則莫敢侮之，般樂怠敖，則自求禍。故聽於民者必興，聽於神者必亡。又曰：「賢者之祭必受其福」，非世所謂福也。福者，備也。備者，百順之名也，無所不順之謂備。彼諂瀆鬼神以求福者，其流入於左道亂政，蔑視鬼神爲無知者，其流至於悖逆不順，二者相反相因。蓋瀆鬼神者，其心徒爲徼福求利，本不知有天人之理，本不出於敬天愛親之誠。其畏父兄也，不若其畏鬼神，其信聖經也，不若其信釋氏。故邪説左道易以惑，而一反之，則敢於慢天，忍於忘親，犯上作亂相因而至矣。苟知孝經之教，則安有溺於虛無以誤家國，悖於倫理以陷逆亂之患哉。

事君章

「父子之道，天性也，君臣之義也。」以孝事君則忠，故孝子之事君也如事親，至誠惻怛，善惡吉凶，視爲切身，公家之利，知無不爲，竭力盡能，自知不足。其陳善納誨，一以悱惻忠厚出之，其愛國也至，故其謀國也審，其愛君也誠，故其告君也明。因勢利導，先事豫防，萬不忍以唯諾誤人家國，亦不忍以毫末意氣激成朋黨，釀成事變。殺身非痛，負國爲痛，深思熟計，必求有濟。故事君之敬，皆出於愛。上下相親，則君臣同慶。夫子此章立萬世人臣之極，其言婉篤誠懇，本孝而出。後世大臣，惟諸葛武侯、陸宣公諸人近之。學而入政，移孝作忠者，所當深體味也。三國吴志張昭傳孫權嘗問衛尉嚴畯寧念小時所闇書不？畯因誦孝經「仲尼居」。昭曰：「嚴畯鄙生，臣請爲陛下誦之。」乃誦「君子之事上」，咸以昭爲知所誦。

喪親章

曾子讀喪禮，泣下沾襟。經解曰：「喪祭之禮，所以明臣子之恩也。」盛德記曰：「凡不孝生於不仁愛也，不仁愛生於喪祭之禮不明。喪祭之禮，所以教仁愛也。致愛故能致喪祭，春秋祭祀之不絶，致思慕之心也。夫祭祀，致饋養之道也。死且思慕饋養，況於生而存乎？故曰喪祭之禮明，則民孝矣。故有不孝之獄，則飾喪祭之禮也。」曾子曰：「人之生也，百歲之中，有疾病焉，有老幼焉，故君子思其不可復者而先施焉。親戚既没，雖欲爲孝，誰爲孝？年既耆艾，雖欲弟，誰爲弟？故孝有不及，弟有不時，其此之謂與？」故喪禮者，聖人爲中道失母之嬰兒立中制節，而即爲朝露未晞、暫依膝下者動喜懼愛日之誠。讀孝經喪親章、禮喪祭諸篇而不動心者，必無此人。後世廢棄不讀，是以人心日薄，孝道日衰，而犯上作亂之禍易起。喪服四制曰：「高宗即位而慈良於喪。當此之時，殷衰而復興，禮廢而復起。」春秋傳説魯昭公居喪不哀，在戚而有嘉容，君子是以知其不能終。天下國家之治亂，有不根於本原之厚薄者哉？」此章爲喪禮提綱。禮士喪、既夕、士虞、記問喪等篇，皆其目也。喪禮事死有二大端，一以奉體魄，一以事精神。「爲之棺槨衣衾而舉之」，奉體魄之始；「陳其簠簋而哀慼之」，事精神之始；「擗踴哭泣，哀以送之」，「卜其宅兆，而安厝之」，奉體魄之終；「爲之宗廟，以鬼享之；春秋祭祀，以時思之」，事精神之終也。

毁不滅性

鄭氏曰：「毁瘠羸瘦，孝子有之。」按「不滅性」者，亦「不敢毁傷」之義。孝子喪親，惻怛之心，痛疾之意，傷腎、乾肝、焦肺，特以父母生己，不敢毁滅耳。

喪不過三年

鄭氏曰：「三年之喪，天下達禮。」　案不過者，不足之辭。人於其親也，至死不窮，特先王制禮不敢過耳。

陳其簠簋而哀慼之

鄭氏曰：「陳奠素器而不見親，故哀慼也。」

爲之宗廟以鬼享之

鄭氏曰：「宗，尊也。廟，貌也。親雖亡没，事之若生，爲立宫室，四時祭之，若見鬼神之容貌。」

春秋祭祀，以時思之

鄭氏曰：「四時變易，物有成熟，將欲食之，先薦先祖，念之若生，不忘親也。」

生事愛敬，死事哀慼，生民之本盡矣，死生之義備矣，孝子之事親終矣。

鄭氏曰：「尋繹天經地義，究竟人情也。行畢孝成。」　案君子有終身之喪，忌日之謂也。孝子之身終，終身也者，非終父母之身，終其身也。父母既没，慎行其身，不遺父母惡名，可謂能終矣。

圖表第三　孝經

曹元弼學

孝經今古文各本表

今文	今文鄭注	鄭注僞本	古文	古文僞本
顏芝本	鄭注原本王肅所見江左迄唐初立學者	乾隆間日本流入中國單行本，及群書治要所載本	孔壁本	劉炫僞撰孔傳本
劉向校定本	宋時高麗進本		許氏父子注本孔安國所得無傳	日本流入中國僞劉炫本不知何時人僞撰，文義鄙惡殊甚，視釋文、正義所引劉本又相去遠矣
鄭注本	王應麟輯本		鄭仲師注本	

续表

今文	今文鄭注	鄭注僞本	古文	古文僞本
荀昶集注本	臧庸輯本		馬融注本	
皇侃義疏本	嚴可均輯本此本未善		又劉子政校中古文，省除繁惑定從今文章數，當別爲一本	
陸德明釋文本				
孔穎達正義本				
賈公彥疏本自荀昶以下皆祖鄭本				
唐明皇注元行沖正義本				
邢昺校定本				

會通第四　孝經

曹元弼學

易

伏羲正夫婦以定父子，爲教孝之本，而愛敬之政推行無窮。孝經之義，本自伏羲以來，易說發之矣。今列其文句相證明者如左。

至德　易曰：「易簡之善配至德。」良知良能，至易簡也。易簡而天下之理得，故順民如此其大。

順　易言順最多，阮氏發之精矣。順天下之本在敬，易乾爲敬，坤爲順。

揚名　易曰：「善不積，不足以成名。」

「在上不驕」章　與易「安不忘危，存不忘亡」之戒同義。

制節謹度　易曰：「節以制度，不傷財，不害民。」

「資於事父」章　三綱定於伏羲作八卦

天地之經而民是則之　此即乾元、坤元資始資生、繼善成性之義。語在要旨。

郊祀后稷以配天，宗祀文王於明堂以配上帝　易曰：「先王以作樂崇德，殷薦之上帝，以配祖考。」

聖人之德無以加於孝　震，長子守宗廟、社稷爲祭主，所以體乾元。

不在於善而皆在於凶德　古人以善爲吉德，惡爲凶德。易所謂吉凶者如此，非以利害爲吉凶也。故易不可以占險，而聖人卜筮之教無流弊。

罪莫大於不孝　易离四，惡人所以焚棄無所容。

天地明察，神明彰矣。宗廟致敬，鬼神著矣　易曰：「知鬼神之情狀」以此。互詳要旨。

書

堯、舜之道，孝弟而已。堯之舉舜以孝，孔子作孝經，所謂「祖述堯、舜」也。明王孝治天下，德教政令，莫備于書。大義已具書説，今録一二事證焉。

先王　鄭注：「禹，三王最先者。」其文殘缺，難可測知。蓋禹平水土，然後契教人倫，伯夷降典，天下始平，孝治始備，所謂「彝倫攸敘」也。此必七十子微言。詳流別鄭氏孝經注下。

民用和睦　堯典：「九族既睦，萬邦協和。」周公作洛，四方民大和會，是其事。

在上不驕，制節謹度　此即論語所謂「敬事節用」。鄭注堯典曰：「敬事節用謂之欽。」

擇言　甫刑曰：「敬忌，罔有擇言在躬。」

先之以敬讓　堯允恭克讓，舜命九官，濟濟相讓。讓字古人最重之。

不敢侮於鰥寡　語本康誥。

郊祀、宗祀　事在召誥、洛誥。

天性　西伯戡黎曰：「不虞天性。」

五刑之屬三千　甫刑文。

詩

孔門之學，出于詩、書。孝經引書，特稱甫刑，將以王室衰微，欲扶其主，以刑亂賊，與春秋同義歟？抑以刑肅俗敝，欲返之於德教歟？其引詩精意，首章稱：「無念爾祖，聿修厥德」，開宗明義即舉文王之詩，明示萬世法祖尊王，且孔子潛心於文王也。聖治章稱：「淑人君子，其儀不忒」，儀，法也，則也，推愛親敬親之心以愛人敬人，是以其民則而象之。「其爲父子兄弟足法，而后民法之」，孝經、大學義正相符，蓋詩之本義也。廣至德章稱：「愷悌君子，民之父母」，愷以强教之，悌以説安之，以證教孝、教弟、教臣子，子說、弟說、臣說，真詩之古訓也。感應章稱：「自西自東，自南自北，無思不服」，詩文上云：「鎬京辟廱」，三代之學，皆所以明人倫，周道四達，禮樂交通，本於聿追來孝也。精密曲中如此，而謂孝經引詩、書非出自孔子哉？詩者，愛敬之情也，先王以是成孝敬，厚人倫，美教化。其變風、變雅，亦皆忠臣孝子至誠惻怛所爲。故學詩可以邇之事父，遠之事君，詩說詳矣。今舉事證一二，以備尋省。

郊祀后稷　詩思文，后稷配天也。

宗祀文王　詩我將，祀文王於明堂也。

移風易俗，莫善於樂　樂經久亡，詩序曰：「先王以是美教化，移風俗。」詩教存則樂在其中矣。

將順其美，匡救其惡　此即詩之美刺，鄭氏詩譜序本此以說詩之大義。

禮

孝經者，制作禮樂，仁之本。中庸言舜大孝，武王、周公達孝，而繼以九經三重，即孝經與禮一貫之大義。述孝篇詳之明矣。文句相證，其一隅耳。

至德　黄氏引周禮至德、敏德、孝德而説之曰：「雖有三德，其本一也。」案周禮之至德以地言，即聖人之孝也。孝經之至德以理言，聖人之德無以加於孝也。經言「孝弟之至」，即周禮至德。

法服　詳周官司服。又孝經言「法則」與周官文同。

不敢遺小國之臣，而況於公侯伯子男乎　事在周官大行人諸職，及禮覲經記朝事義。

郊祀后稷以配天，宗祀文王於明堂以配上帝　周禮所謂「祀天旅上帝」，又詳禮郊特牲、祭法記。明堂詳考工匠人、月令、盛德記。

五刑章　周官賊殺其親則焚之，放弑其君則殘之。又王制有破律亂名，學非而博，言僞而辨之誅。本命記列誣文武，逆人倫之罪，皆與此章義同。以上周禮。

士章　三綱爲制禮之本。喪服父至尊，君至尊，夫至尊，父在爲母期。記皆引此經說其義。孝弟忠順之行立，而後可以爲人，於冠禮見之，冠義亦本此爲說。

郊祀后稷以配天　喪服傳曰：「天子及其始祖之所自出。」

因嚴教敬，因親教愛　禮之精義，此二語盡之。

喪則致其哀，祭則致其嚴　士喪、既夕等篇是其目。

喪親章　此章爲喪禮提綱。詳要旨。以上禮經。

仲尼居，曾子侍　與小戴記仲尼燕居、孔子閒居，大戴記王言發首文法一例。

避席　記曰：「君子問更端，則起而對。」

參不敏　記所謂顧望而對。

夫孝，德之本也，教之所由生也　記曰：「民之本教曰孝。」凡小戴祭義、哀公問、大戴曾子十篇皆說孝經之義，無一事不相表裏，總著於此，不復條別。

始於事親，中於事君，終於立身　檀弓以事親、事君、事師三者竝舉。禮三本以先祖、君師並稱，皆其義。

法服、法言、德行　記曰：「君子服其服，則文以君子之容。有其容，則文以君子之辭。遂其辭，則實以君子之德。」凡記說服、言、行至詳，皆與此經同義。

先之以敬讓而民不爭　記曰：「先禮而後財，則民作敬讓而不爭矣。」

父子之道天性　教敬教愛。中庸性、道、教之說所自出。

紀孝行章「五致」目在曲禮、內則、喪、祭諸篇。

居上不驕，爲下不亂　中庸亦云：「居上不驕，爲下不倍。」

在醜不爭　曲禮：「在醜夷不爭。」

安上治民，莫善於禮　經解引。

非家至而日見之　文見鄉飲酒義。

「事親孝故忠，可移於君」云云　大學：「孝者所以事君也，弟者所以事長也，慈者所以使衆也。」

哭不偯　閒傳：「大功之哭，三曲而偯。」故喪親哭不偯。凡記說喪禮，皆此章之條目。以上二戴禮記。

春秋

孝德以知逆惡，惟孔子行在孝經，故能誅亂臣賊子。春秋之文微，後世亂賊欲誣春秋，而不知孝經已顯揭大義，豫燭神姦。讀孝經，而後知春秋之所以作，而後知孟子說春秋淵源所自來。愚論之詳矣。文、武之道未墜于地，賢者識大，不賢識小，夫子焉不學，多聞擇其善者而從之，多見而識之，故孝經、論語之訓多與左氏所載賢大夫之言同。

立身行道，揚名於後世　左氏所謂立德、立功、立言三不朽。

諸侯、卿大夫章　孝經、春秋相通之義，要旨發之。

以孝事君則忠　故傳曰：「子之能仕父教之忠。」

「天之經也」云云　「以順則逆」云云　「言思可道」云云　進思盡忠、退思補過皆見左傳。

論語

論語極聖人仁天下萬世之情，而其發首言仁曰：「孝弟不好犯上作亂」，曰：「巧言令色，鮮矣仁」。然則仁者，孝弟忠信而已，所謂學者，學此。忠信者，孝弟之實，著于言行，達于政治。子臣弟友，求乎人者責乎己。言顧行，行顧言，天下歸仁，邦家無怨。故堯舜之道，孝弟而已，夫子之道，忠恕而已。孝經、論語同條共貫，孔子行在孝經之實，備在論語。學者熟讀而力行之，默識心融，觸處洞然矣。

夫孝，德之本也　論語曰：「君子務本，本立而道生。」延叔堅仁孝論發之精矣。

「身體髪膚」節　曾子啟手足，確守夫子此節之訓。

揚名　「君子疾没世而名不稱焉」。

「在上不驕」章　「道千乘之國」章與此同義。

言行　論語説言行備矣。

陳之以德義而民興行　鄭氏殘注有「上好義」三字。按此節與「上好禮則民莫敢不敬」節義正同，皆言因性施教之易。

敬讓　「能以禮讓爲國乎，何有？」大學亦以興仁、興讓並言。

以養父母曰嚴　顧氏炎武説以「今之孝者」一節。

紀孝行章　子曰：「生事之以禮，死葬之以禮，祭之以禮。」

要君　見論語。

諫争章　「事父母幾諫」，「勿欺也，而犯之」，皆與此相發明。

感應章　季路問事鬼神，夫子答以事人。惟聖人爲能饗帝，孝子爲能饗親。天明地察，本在事父母之孝而已。

進思盡忠　論語曰：「臣事君以忠。」

服美不安，聞樂不樂，食旨不甘　夫子答宰我與此大同。

孟子

孔子、曾子之學傳於子思，以及孟子。故孟子之言，純乎孝經之義。孟子時諸侯放恣爭利，去仁義，率土地，食人肉，而惡慢之禍徧於天下。處士横議，無父無君，充塞仁義而惡慢之毒，將流於萬世。孟子哀民倒懸，懼人相食，明王道，稱仁義，道性善，發人良心、良知、良能。「孩提愛親，少長敬兄」，所謂性善者在此，孝經所謂「父子之道，天性也」。「親親，仁也，敬長，義也，達之天下」，孝經所謂「至德也」。「仁之實，事親，義之實，從兄，禮之實，節文斯二者，樂之實，樂斯二者」，孝經所謂「要道」也。至德要道，以順天下，則君臣、父子、兄弟去利懷仁義，以不忍人之心，行不忍人之政，民親其上，死其長，四海之内，仰之若父母，仁者無敵，而愛敬達於天下。入則孝，出則弟，守先王之道，以待後之學者。楊、墨之言息，孔子之道著，有王者興，必來取法，而愛敬被于萬世。嗚呼，自伏羲至孔子，所以治教天下，以爲相生、相養、相保之道者，愛敬而已。愛敬本於父子，而立於君臣，天下之所以治，以有人倫也，天下之所以亂而可復治，以人倫之教未絶於人心也。周之衰而彝倫斁，孔子作孝經以明大順，作春秋以誅大逆。春秋作而亂賊懼，懼者，以天下尚知父之爲父，君之爲君也，即亂賊亦自知亂之爲亂，賊之爲賊也。有邪説以反易天明，惑亂人心，爲悖德悖禮者藏身之固，而亂賊且不懼，天下弱肉强食，窮凶極惡，何所不至乎？孟子稱堯、舜，學孔子，而積血暴骨，焚書坑儒之後，後王尚能尊孔氏，崇仁義，以理天下，延及千載之遠。而君君、臣臣、父父、子子，聖法不爲奸逆所誣，故善承孝經、春秋之學者莫如孟子。孟子曰：「事孰爲大，事親爲大。守孰爲大，守身爲大」，「孝始於事親」也。「我非堯、舜之道，不敢以陳於王前」，「責難於君謂之恭，陳善閉邪謂之敬」，「中於事君」也。「非仁無爲，非禮無行」，「終於立身」也。「仁者愛人，有禮者敬人」，孝經愛敬之説也。横逆自反，無一朝之患，不驕、不亂、不争，「不敢惡慢於人」，「患不及身」也。「舜人也，我亦人也」，「天地之性人爲貴」，「爲法于天下，可傳于後世」，立身揚名而後全乎爲人也。義之相應如此，豈獨「孝子之至，莫大乎尊親」與嚴父配天相表裏，「舜往于田」數章爲論孝之極致哉？

德教加於百姓，刑于四海　孟子論文王之政是。

在上不驕，制節謹度　孟子所謂恭儉。

法服、法言、德行　孟子亦以服、言、行三者並稱。

然後能保其祿位，而守其祭祀　孟子曰：「惟士無田，則亦不祭。」詳要旨。

先之以博愛，而民莫遺其親　「未有仁而遺其親者」。

德義　孟子曰：「尊德樂義。」

不敢侮於鰥寡　文王發政施仁先窮民無告者是。

明堂　見孟子。

「敬其父則子説」云云　孟子告宋牼，亦以君父兄並言。

諫争章　孟子以責善爲賊恩之大，諫争非責也。論語曰：「事父母幾諫。」

爾雅

漢書藝文志以孝經與爾雅同。蓋孝經爲六藝之總會，爾雅爲六藝之通釋。訓詁舉大義，學者治經莫先於此。昔伏羲作八卦，又作結繩。八卦，人倫王道之始，結繩文字，訓詁之祖。其後周公制禮，又作爾雅。孔子制六藝，作孝經，又以古文書六經，教弟子以孝弟學文。蓋識文字，知倫理，爲聖教王治第一事。所以使民仁且智，以相生、相養、相保也。孝經言明且清，無待訓釋。然庶人章「患不及」古義皆訓「患」爲「禍」，明皇易之，遂忘思患豫防之義。訓詁之繫於經術世道，豈不大哉？

解紛第五　孝經

曹元弼學

陳氏澧刪述阮氏孝經郊祀、宗祀説　文達此説創通大義。然間有語病，陳先生刪節而申成之，斯爲盡善。讀古人書，提要鉤元，棄瑕取玖，當以此爲法。

阮文達公孝經郊祀、宗祀説云：蓋周初滅紂之後，武王歸鎬，殷士未服者多。此時鎬京尚未以后稷配天，以文王配上帝，各國諸侯亦未全往鎬京，侯服于周。成王又幼有家難。於是，周公監東國之五年，與召公謀就洛營建新邑，洪大誥治，祀天與上帝，以后稷、文王配之。后稷、文王爲人心所服，庶幾各諸侯及商子孫殷士皆來和會，爲臣助祭多遜，始可定爲紹上帝受天定命也。但成王此時不敢來洛基命定命。於是三月，召公先來洛卜宅十餘日，攻位即成，惟位而已，各功工未成也。三月望後，周公來達觀所營之位，知殷民肯來攻位。遂及此時，洪大誥治，即用二牲於郊，以后稷配天，且祭社矣。召誥之

「用牲於郊」，即孝經之郊祀配天也。於是始定爲周基受天命矣。明堂功雖將成，尚未及配天，基命之後，行宗祀之禮。於是周公伻告成王，成王命周公行宗禮，洛誥「宗禮」即孝經宗祀文王於明堂之禮也。周公宗祀當在季秋，四海諸侯殷士皆來助祭。十二月各工各禮迄用有成，人心大定，成王始來洛邑相宅，復冬祭文王、武王於城内宗廟之中。入太室祼，王賓亦咸格共見無疑，仍即歸鎬，命周公後於洛，守其地，保其民。是成王但烝祭於廟，而未祀於郊與明堂。此孔子所以舉配天專屬之周公其人也。澧案：周誥佶屈聱牙，讀者未能盡明其文義，遂不能深明其事跡。周公營洛邑，郊祀后稷，宗祀文王，乃周初最大之事。至文達乃明之。訓詁考據之功，斯爲最大者矣。周公所以必營雒邑者，夏、殷建都皆在今山西、河南之地，周之豐鎬則偏在陝西。史記周本紀云：「武王曰：『粤詹雒、伊，母遠天室。』營周居於雒邑而後去。」是武王始營雒邑。蓋營之而未成，故周公復營之也。以其地爲土中，庶幾諸侯皆來和會也。

案：孝經述典禮祇此一事，阮氏闡發至精。其郊與明堂之制，語在周禮。

「故親生之膝下」兩節

漢書謂諸家説多不安，今反覆經文説之，語在要旨。

闕疑第六　孝經

曹元弼學

孝經無疑義，間有一二當考，語在要旨、解紛、流別。易曰：「易簡而天下之理得矣。」孟子曰：「人之所不學而能者，其良能也；所不慮而知者，其良知也。」夫道，若大路然，豈難知哉？堯、舜之道，孝弟而已矣。孝經之義，不難于知而難于行。孔子之所以愛敬天下萬世，爲生民以來未有之聖者，行在孝敬[一]也。經曰：「人之行莫大於孝」，朱子曰：「若不如此，即不成人」。爲學不在多言，顧力行何如耳。

[一]「孝敬」疑当作「孝经」。

流別第七　孝經

曹元弼學

孝經注解傳述人考正

陸氏德明經典釋文序録曰：「孝經者，孔子爲弟子曾參説孝道，因明天子庶人五等之孝、事親之法。亦遭焚燼，河閒人顔芝爲秦禁，藏之。漢氏尊學，芝子貞出之，是爲今文。長孫氏、博士江翁、少府后蒼、諫大夫翼奉、安昌侯張禹傳之，各自名家。凡十八章。又有古文，出於孔氏壁中。」

曹元弼考正曰：阮氏福孝經義疏補云：「陸氏所謂古文出於孔氏壁中者，本於漢書藝文志。志曰：『古文尚書者，出孔子壁中。武帝末，魯恭王壞孔子宅，而得古文尚書及禮記、論語、孝經。孔安國悉得其書，以古文尚書獻之。』福案：安國未獻孝經，至孝昭帝時，始爲魯國三老所獻。漢許沖爲其父慎上説文表云：『慎又學孝經孔氏古文説。古文孝經者，孝昭帝時魯國三老所獻，建武時給事中議郎衛宏所校皆口傳，官無其説。謹撰具一篇并上。』據此，是許沖受之於其父慎，慎又受之自衛宏，此是真古文孝經，非劉知幾所主之古文孔傳。惜今失其傳矣。」弼案：據許表，是孝經古文自孔安國以來但口傳其説，至許君父子始撰具成書，則晚出孔傳之僞，不待辨而明。文苑英華、唐會要載開元七年劉知幾議，稱王肅孝經傳首有司馬宣王之奏，云：「奉詔令諸儒注孝經，以肅説爲長」，不及孔傳。蓋魏時壁中古文尚在祕府，賤儒未敢公然作僞，而許君之説雖上未行，故亦不及，猶鄭注孝經在當時甚徵也。孝經真古文蓋與尚書古文同亡於永嘉之亂，而僞傳之出，則遠在梅賾書後。正義引司馬貞議云：「荀昶集注之時尚未見孔傳，中朝遂亡其本。」「尚未見」文苑英華、唐會要作「有見」，非。案：荀不見孔傳，故集注以鄭爲主，是東晉時未有孔傳也。齊陸澄與王儉書，疑孝經鄭注非康成作，不及孔傳是非，是齊時仍未有孔傳也。惟隋書經籍志云：「梁代，安國及鄭氏二家並立國學，而安國之本亡於梁亂」，則孝經僞傳當出梁世，而梁亂即亡。然劉知幾、司馬貞議敘古文源流，於安國得書後，惟舉隋王孝逸購書，劉炫刊改一事，中閒一則云「曠代亡逸」，一則云「中朝遂亡」，絶不言梁代有立學之事。隋志所云，恐出劉炫飾説，未可信也。然則孝經僞古文孔傳直出劉炫，炫本唐末已亡，我朝乾隆閒別有一僞本，來自海外，文義鄙倍，不足辨。

別有閨門一章，自餘分析十八章。總爲二十二章，孔安國作傳。

考正曰：此據當時所行劉炫僞本而言。漢志：「孝經古孔氏一篇，二十二章。」師古曰：「劉向云：『古文字也。』庶人章分爲二也，曾子敢問章爲三，又多一章，凡二十二章。」案子政語祇「古文字也」四字，「庶人」以下顔氏足成之，亦據劉炫本言。知者司馬貞議云：「近儒穿鑿改更，分庶人章從『故自天子』已下別爲一章，仍加『子曰』二字。然故者，連上之詞，即爲章首，不合言故。」是古文既亡，後人妄開此等，以應二十二章之數。若子政明言「庶人章分爲二」之等，則當時所行僞本章數正同，貞但當譏其妄加「子曰」，何得并分章呰之。元氏澹正義云：「孝經各家經文皆同，惟孔壁古文爲異。至劉炫遂以庶人章分爲二，曾子敢問章分爲三，又多閨門一章，凡二十二章。」明以分章屬之劉炫，與貞議合，足證「庶人」以下諸語非出子政。貞又云：「閨門之義，近俗之語，非宣尼之正說。案其文云：『閨門之内，具禮矣乎。嚴兄妻子臣妾繇百姓徒役也』是比妻子於徒役，文句凡鄙，不合經典。」案閨門章僞作，如貞説無疑。漢志云：「長孫氏、江翁、后蒼等經文皆同」，而隋志云：「長孫有閨門一章」，顯違班書。長孫本久亡，隋志不列其目，明唐人未見，何由知其多此一章。此蓋作僞者巧播虚言，以爲私文左證。然漢志具在，其可誣乎？又漢志云：「『父母生之，續莫大焉』，『故親生之膝下』諸家説不安處，古文字讀皆異。」今釋文此兩處並不出古文異字。桓譚新論云：「古孝經千八百七十一字，今異者四百餘字。」考之釋文，古文與今文增減異同，率不過一二字，無所謂四百餘者。元吴氏澄以此決其爲僞，其識卓矣。司馬貞又辨孔傳之僞，斥其鄙俚。按子國所得書皆未作傳，尚書、論語之傳皆後人僞撰，不獨孝經也。

劉向校書，定爲十八。

考正曰：子政校易、書皆從古文，獨孝經定從今文者，隋志云：「以顔本比古文，除其繁惑，以十八章爲定。」司馬貞議亦有「省除繁惑」之語，蓋本别録舊文。繁惑者，謂複重雜亂，如論語一章兩見，玉藻前後倒錯之比，故省除之。若但如後人釐析十八，則不并亦可，壁中果增多一章，好古如子政，亦不當過而去之，以此益知晚出古文之誣也。

後漢馬融亦作古文孝經傳，而世不傳。

考正曰：盧氏文弨經典釋文考證云：「陸氏以馬融所注爲古文孝經，隋志屬之今文，誤也。」弼案：馬傳之不傳，猶許説、先後鄭注之未行於當時也。其後鄭君、王肅、僞孔注代行，而許、馬及先鄭本亡。先鄭亦注孝經，見後。

世所行鄭注，相承以爲鄭玄。案鄭志及中經簿無，唯中朝穆帝集講孝經云：「以鄭玄爲主。」檢孝經注，與康成注五經不同，未詳是非。江左中興，孝經、論語共立鄭氏博士一人。

考正曰：嚴氏可均孝經鄭氏解輯序云：「或問曰：陸澄與王儉書云：『孝經題爲鄭注，觀其用辭，不與注書相類。玄自序所注衆書，亦無孝經。』陸德明經典序録亦云：『檢孝經注，與注五經不同』如二陸説，注或可疑。答曰：不然。鄭氏著書百萬餘言，非旦夕可就，先後不類，非所致疑。即如五經注，亦或不類。坊記正義引鄭志云：『爲記注時就盧君，先師亦然，後乃得毛公傳記、古書義，又且然記注已行，不復改之。』禮器正義亦引鄭志云：『後得毛詩傳，故與記不同。』若然，辭不相類，詩、禮多有之，何止孝經。至謂自序所注衆書無孝經，尤爲偏據。宗均孝經緯注引鄭六藝論敘孝經云：『玄又爲之注。』見孝經正義，明是自序遺漏。鄭氏又别爲孝經序，禮記緇衣正義、大唐新語、太平寰宇記、玉海各引一事，鄭志及謝承、薛瑩、司馬彪、袁山松等書載鄭氏所注無孝經，范書有孝經、無周禮，皆是遺漏。正義云：『晉中經簿稱鄭氏解』，經典序録云：『中經簿無』，則所據本異也。或又問曰：近人疑孝經鄭小同注，何據乎？答曰：此説始於太平寰宇記，謂：『今孝經序，蓋康成徹孫所作。』蓋者，疑辭。『徹孫』必誤，近刻改爲『胤孫』，得之矣。小同漢、魏間通人，注本幸存，亦宜寶貴。然而舊無此説，經典序録云：『世所行鄭注，相承以爲鄭元。』引晉穆帝集講孝經云：『以鄭元爲主』，陸澄所見宋、齊本題鄭元注，舊唐志、新唐志稱鄭元注，未有題鄭小同者也。迮氏鶴壽蛾術編注云：『太平御覽引後漢書云：「康成遭黄巾之難，客於徐州。今孝經序，鄭氏所作。南城山西上可二里，有石室焉，俗云是康成注孝經處。」此必見於袁山松、華嶠諸家之書。』」弼案：據此，則嚴氏謂袁山松等載鄭所注無孝經是漏畧益信。又劉知幾謂王肅無攻擊鄭注孝經之言，阮氏元孝經校勘記云：「按禮記郊特牲正義引王肅難鄭云：『月令「命民社」，鄭注云：「社，后土也」，孝經注云：「社，后土也，句龍爲后土。」鄭既云：「社，后土」，則「句龍」也是鄭自相違反。』然則王肅未嘗無言也。六藝論序孝經云：『元又爲之注』，又孝經序云：『念昔先人，餘暇述夫子之志，而注孝經』，則鄭氏曾注此經。」陳氏澧亦云郊特牲正義引王肅難鄭，肅所難是康成注明矣。弼案：孝經鄭注一見於六藝論，再見於王肅聖證論，三見於晉中經簿，四見於江左中興之立博士，五見於晉穆帝之集講孝經，六見於御覽所引范氏以前之後漢書，七見於范書本傳，確然無疑。劉知幾議云：「晉穆帝永和十一年，及孝武帝大元元年，再聚群臣共論經義有荀茂祖二字一作昶。者，撰集孝經諸說，以鄭氏爲宗。」司馬貞云：「荀昶集解孝經具載此注，而其序以鄭爲主，是先達博選，以此注爲優。」其疑之者，始於齊陸澄，王儉答書云：「鄭注虛實，前代不嫌。」意謂可安，仍舊置立，是彥淵以前絕無異議。竊謂鄭自序述歷年撰著不及孝經者，蓋注孝經又作注禮前，意鄭君初注孝經，欲令童蒙之流一覽而悟，特淺顯其文，俾足順解而止。繼以孝經爲六藝大本，必究極六藝而後可注孝經，前注雖成，未以教授。迨元城注易，夢應龍蛇，遂不克修改寫定，故自序略之，蓋其慎也。前注學者或見或否，又係少作，故趙商鄭先生碑及鄭志、鄭記亦略之，而宋均注緯輒云：「無聞」，均習於鄭而不知。王肅少治鄭氏學而知之，蓋未定之本出於鄭没之後，若隱若顯也。凡六藝論云：「元又爲之注者」，皆實事。世説新語稱鄭君注左傳未成，以與服子慎，則鄭實注春秋矣。春秋注而未成，孝經成而未定，要其出於碩意，足法將來則一也。孝經注數典不過數事，已具詩、書、禮注，故魏、晉朝賢徵引不及，即東晉立學後，朝臣議禮，引者亦希，以注本説義多，明事少也。孝經文約指明，注又顯白易曉，弟子問難不及，又奚足疑。

古文孝經，世既不行，今隨俗用鄭注十八章本。

考正曰：古文孔傳，劉炫以前不聞此説。隋志所云：「梁代立學」，亦唐人之言，非梁世典記。然隋書亦言其僞，隋世雖立學官，儒者不傳，其不足信明矣。鄭注自東晉立學，南北朝、隋、唐初莫不奉爲典則，誦法儒林，彦淵、子元皆係偏據，駁而釋之，事證昭然。凡隋以前爲孝經疏者，蓋皆疏鄭注。元朗作音，舍孔從鄭，俾千載後尚得考見顏芝、長孫以來相傳古義，有功聖經大矣。

孔安國、馬融、鄭衆、鄭元、王肅、蘇林、字孝友，陳留人，魏散騎常侍。何晏、字平叔，南陽人，魏吏部尚書，駙馬都尉，關内侯。劉邵、字孔才，廣平人，魏光禄勳，一云劉熙。韋昭、字宏嗣，吴郡人，吴侍中，領左國史，高陵亭侯，爲晉諱改爲曜。徐整、謝萬、孫氏、不詳何人。楊泓、天水人，東晉給事中。袁宏、字彦伯，陳郡人，東晉東陽太守。虞槃佑、字宏猷，高平人，東晉處士。庾氏、不詳何人。殷仲文、陳郡人，東晉東陽太守。車允、字武子，南平人，東晉丹陽尹。荀昶、字茂祖，潁川人，宋中書郎。孔光、字文泰，東莞人。何承天、東海人，宋廷尉卿。釋慧琳、秦郡人，宋世沙門。王元載、字彦運，下邳人，齊光禄大夫。明僧紹。　右竝注孝經，皇侃撰義疏，先儒無爲音者。

考正曰：阮氏福云：「孝經之有音義，自陸德明始。」弼案：孔子作孝經，明道本，統六藝。曾子受其業而篤行之，著書十篇，演贊神恉，復以經文授子思，以及孟子。故中庸曰：「仲尼祖述堯、舜，憲章文、武」，鄭君曰：「此以春秋之義，説孔子之德。」孔子曰：「吾志在春秋，行在孝經」，二經固足以明之。又曰：「唯天下至誠，爲能經綸天下之大經，立天下之大本」，鄭君曰：「大經，謂六藝而指春秋也，大本，孝經也。」陳氏澧曰：「孟子七篇，多與孝經相發明。」是子思、孟子皆傳孝經。孝經、春秋同道，子夏傳春秋，史記魏文侯受子夏經義，蔡邕明堂月令論、續漢書祭祀志注皆引魏文侯孝經傳，則子夏并傳孝經。孝經者，制作禮樂，仁之本。禮記經解引「孔子曰：『安上治民，莫善於禮』云」，文出孝經。問喪引「擗踊哭泣」二句，「爲之宗廟」二句，喪服四制引「資於事父以事君而敬同」，「毁不滅性，不以死傷生」，「喪不過三年」，「資於事父以事母而愛同」，皆孝經語。黄氏道周進孝經大傳序云：「觀戴記所稱君子之教也，及送終時思之類，多繹孝經者。蓋當時師、偃、商、參之徒習觀夫子之行事，誦其遺言，尊聞行知，萃爲禮論。是七十子及其後學記禮者，莫不傳孝經。其後呂不韋集賓客著書孝行覽，説孝經天子章義，先識覽明引諸侯章。經由孔子而來，迄於秦，師儒授受誦法，明白如此。陸氏敘述但據漢興，未及上溯周、秦。」今據阮氏、陳氏及丁氏晏孝經徵文，附益考定，以息疑經非聖之説。孝經漢文帝時即立博士，其後獨立五經，然儒者咸通習之。荀爽對策曰：「漢制，使天下誦孝經」，自長孫至於鄭君，特其名家者耳。鄭君後除王肅、何晏外，諸儒訓注大較相似。三國、六朝爲孝經學者甚多，陸所舉外，見阮孝緒七録、隋書經籍志、唐明皇序、元行冲正義者、尚二十餘家。其中若韋昭、虞翻、宋均、徐整、劉瓛之學，當與鄭相表裏。晉穆帝、武帝、荀昶則以鄭爲主，皇侃之疏，所疏必鄭注。唐初立於國學，舊唐書孔穎達傳稱冲遠爲庶人承乾譔孝經義疏，因文見意，更廣規諷，學者稱之。新唐書藝文志賈公彦、孔穎達並有孝經疏，所疏亦皆鄭注。自唐玄宗明皇帝開元十年自注孝經，令元澹作疏，天寶二年重注，四年以御注勒石，五年令元澹重修疏，遂成定本，頒行中外。而鄭注皇疏遂廢，孔、賈疏更無人誦習，唐末皆亡。釋文亦爲妄人所亂矣。自時厥後，師傳中絶，宋邢氏昺等校定元疏，雖稱旁引諸書，而當時典籍散亡，無從蒐采，蓋略加增損而已。司馬温公、朱子皆身通六藝，而於孝經考據偶疏，千慮一失，不必爲大賢諱。然朱子刊誤實未定之論，其引程沙隨所稱汪端明説，則以古文爲後人綴輯。元吴氏澄始力闢古文之僞，明黄氏道周以禮説孝經，精微廣大，深得聖人立教本原，孝經至是晦而復明。國朝經學超軼前古，阮氏元大論孝經，明順道，塞逆源，又爲孝經校勘記，其子福因之爲補疏。臧氏鏞堂、嚴氏可均皆輯孝經鄭注，嚴輯多引群書治要僞文，臧輯較審。元弼嘗據二家爲本，更搜采各書，爲孝經鄭氏注後定，因會通群經，援據古義，爲之箋疏，兼采史傳孝行證之。屬稿未就，惟吾妹欽旌節孝吴章澧妻，嘗刊臧輯孝經鄭注，元弼爲之校，無譌字，且爲之序，以推論聖賢作述大旨，今行於世。

孝經各家撰述要略

鄭氏孝經注　曹元弼序吴刻孝經鄭注，推論經注大義曰：孝者，天之經，地之義，民之行，德之本，教之所由生也。父子之道，天性也，本一榦而分，愛莫重焉，家人嚴君，敬莫隆焉。孝弟同體，以孝事君則忠，以敬事長則順。昔者聖人通天律之本，躬行至德，流化於外，以敬天下之爲父、兄、君者，而天下之子、弟、臣説，無犯上作亂之禍。愛親者不敢惡於人，敬親者不敢慢於人。天子愛敬四海之内，則得萬國之歡心以事其先王；諸侯愛敬一國之人，則得百姓之歡心以事其先君；大夫、士、庶人愛敬其家，則得人之歡心以事其親。自上至下，皆兢兢焉爲子、臣、弟、少之事。雖天子必有父，必有兄，不敢驕溢非法，以取亂亡，是以天下和平，兆民乂安，重社稷，嚴宗廟，守祭祀，保體膚，禮教興行，刑錯不用，集天下和睦之氣，升之天祖，尊之至而事天明，親之至而事地察，大孝尊親，嚴父配天，普天率土，各以其職。生民之本盡，終始之義備，是謂大順。周衰，王迹熄，諸侯驕，大夫亂，士庶人争，悖德悖禮，不度于善，倒行逆施，禍患相尋，弑君三十六，亡國五十二，諸侯奔走不得保其社稷者，不可勝數，臣庶失忠與順，覆家亡身，其故皆由惡慢於人。惡慢於人，由不愛敬其親，生不敬養，没不敬饗，患氣日積，灾害並至，是謂大亂。孔子悼明王之不興，懼人倫之絶滅，乃述前聖之道，論撰易、書、詩、禮、樂，作春秋，尊君父，討亂賊，明王道，興太平，而端本會極於孝經。以曾子能通其道，授之。子曰：「吾志在春秋，行在孝經」，子思曰：「唯天下至誠，爲能經綸天下之大經，立天下之大本」，鄭君曰：「大經，謂六藝而指春秋也；大本，孝經也」。又曰：「孔子以六藝題目不同，指意殊别，恐道離散，後世莫知根源，故作孝經以總會之。」阮氏元曰：「春秋以帝王大法治之于已事之後，孝經以帝王大道順之于未事之前，皆所以維持君臣，安輯邦家。」然則孝經者，孔子兼包古先聖王治天下之道，以大順萬世之民，所謂「盡其性以盡人之性」，「贊天地之化育」者也。夫子之得邦家者，立之斯立，道之斯行，綏之斯來，動之斯和，由此道耳。孔子既没之後，禍變滋甚，争地以戰，殺人盈野，争城以戰，殺人盈城，而六國滅，原野猒人之肉，川谷流人之血，而秦族惡慢之極，出爾反爾，不孝不順，其害至此。漢撥亂反正，聖道復光，河間顔貞始獻其父芝所藏孝經，是謂今文。長孫氏、江翁、后蒼、翼奉等傳之。孔壁所出爲古文，許君叔重撰具其説，皆亡。鄭君以明德上賢，述先聖元意，作六經注義，孝經最在先，其大義不同流俗者，如「先王有至德要道」，注云：「禹，三王最先者」見釋文。釋文此下云：「案五帝官天下，三王禹始傳於子，於殷配天，故爲教孝之始。」此蓋陸氏申鄭語。下云：「王謂文王也。」此别一義，謂王肅以經「先王」爲文王，與鄭不同也。嚴氏可均孝經鄭氏解輯并引以附鄭注，失之。嚴氏校讐至精，而有此大創，足徵讀書之難。案洪範言鯀湮洪水，彝倫攸斁，禹乃嗣興，彝倫攸敘，賈生言禹以孝立教，天下聖禹而神鯀。當堯之時，天下未平，禹敷下土，民有攸居，然後契爲司徒，教以人倫，故後世禮樂制度取法虞、夏之際，喪服、祭法悉定自禹。春秋通三統，中庸曰：「考諸三王而不謬」，至德要道，百世不與民變革，周因於殷，殷因於夏，三王道同，言禹而湯、文可知。且孝經述禹之道德，而嚴父配天特稱周公，孔子自謂行在孝經，禮記載子言亦以舜、禹、文王、周公並稱。孟子言天下治亂，特歸撥亂興治之功於禹、周公、孔子，論孔子之功在春秋，三聖同功，春秋、孝經同道，孟子此説實出二經微言，足明鄭義所本。注又云：「至德，孝弟也；要道，禮樂也。」案廣至德章言孝弟，廣要道章言孝弟，又言禮樂，而統歸於禮。蓋孝弟皆須禮以行之，樂與禮同體，經文明以要道爲禮樂，禮樂即本孝弟。孟子曰：「仁之實，事親是也；義之實，從兄是也；禮之實，節文斯二者；樂之實，樂斯二者。」春秋傳曰：「孝，禮之始也。」白虎通曰：「孝經者，制作禮樂，仁之本。」後儒歧禮樂於孝弟外，是不知禮樂，且不知孝弟矣。注義深通如此，其他經緯聖典，感動人心者甚多，非鄭君不能爲。徒以文句較他注易明，以便童蒙，敘録家偶佚其目，遂致後人疑難百端，霿霿千載。直至通儒陳氏澧據郊特牲正義引王肅難鄭孝經注，定爲禮堂寫定之文，聚訟始息。但鄭注雖累世積疑，而唐陸氏德明釋文、孔氏穎達正義皆以鄭爲主。自明皇好事，改作新注，是非雜糅，元澹作疏，而鄭注孔疏漸亡，釋文亦爲妄人所亂矣，豈不惜哉。夫苟不至德，至道不凝，孔子篤行至孝，德參天地，躬備聖王之道，爲禮樂之宗，言爲世法，動爲世道，制作經藝，宣教明化，以愛敬天下生民。自天子至於庶人，莫不畏而愛之，則而象之，是以崇聖之祀，尊及五世，衍聖之緒，流慶萬年，德爲聖人，尊爲帝王師，宗廟饗之，子孫保之，立身行道，顯親揚名，爲生民未有，所謂「行在孝經」。故大訓垂世，日月並明，曾子事親養志，常以皓皓，是以眉壽，修身慎行，忠實不欺，患之小者，毫髮必謹，節之大者，死生不奪。二十四字，阮文達語。故孔子以爲能通孝道，授之業。鄭君篤信好學，守死善道，進退容止，非禮不行，故依經立注，爲學者宗。若明皇之治有始無終，禍亂僨興，唐宗幾滅，德不足以庇百姓，言安足以訓後世耶？自時厥後，注解多淺近不足觀，惟明黄氏道周孝經集傳，融貫禮經，根極理要。其言曰：「孝經者，道德之淵源，治化之綱領也。六經之本，皆出孝經，而小戴禮記四十有九篇、大戴禮記三十有六篇、儀禮十有七篇，皆爲孝經疏義。此謂孝爲禮之本，解孝經者當依據禮經，初非不論時代，讀者勿以辭害志。蓋當時師、偃、商、參之徒習觀夫子之行事，誦其遺言，尊聞行知，萃爲禮論，而其至要所在，備于孝經。觀戴記所稱君子之教也，及送終時思之類，多繹孝經者。蓋孝爲教本，禮所由生，語孝必本敬，本敬則禮從此起。」至哉言乎，與聖合契矣。其書條列禮文，俾先王順天下之道綱舉目張。蓋孝、禮一也，大本謂之孝，達道謂之禮，孝以愛興敬，禮以敬治愛。鄭君而後，見及此者，黃氏而已。學之至者，殊塗同歸，不當泥文句以論之也。我朝列聖以孝治天下，御纂孝經注義窮理盡性，顯道神德，公羊子所謂「樂堯、舜之知君子」，鄭氏所謂「惟聖人能知聖人」也。禮作於上，學修於下，故臣阮元大論孝經，明順道，塞逆源，有功聖典。然大義雖舉，而微言未析，其子福補疏又未能宏深。元弼不敏，治鄭氏禮學十餘年，夙興必莊誦孝經。竊嘆冠、昏、喪、祭、聘、覲、射、鄉，無一非因嚴教敬，因親教愛，與孝經之旨融合無閒。通孝經而後知禮之協乎天性，順乎人情。以鄭君之注，百世不易，惜其殘闕失次，據近儒臧氏庸、嚴氏可均輯本，拾遺訂誤，削群書治要僞文，爲孝經鄭氏注後定。因徧輯經傳周、秦、漢古籍，各經師注涉孝經義者，爲之箋。而博采魏、晉以來孝經說之有師法、應禮道者，貫以積思所得疏之，約之以禮，達之春秋，合之論語，考之易、詩、書，疏文有所不盡，則師黃氏之意而擴充之。兼采史傳孝行足裨補經義者，別爲孝經證。往時，敬以此書與禮疏、經儒法則篇同於先聖前立誓自任。此書與禮疏相須成體，功亦相亞，禮疏成則亦成。去秋，余妹以刊孝經祈舅疾愈既效，欲以余後定授梓，以文字未定，先取臧本刊之。讀孝經者，必治鄭注，鄭注世無專行本，今而後可家置一編。注文闕佚，通人達士自當即單辭隻義推見元文，童蒙之流則成句可讀者讀之，不成句不可讀者暫置之可也。延叔堅曰：「夫仁人之有孝，猶四體之有心腹，枝葉之有根本也。」天性之恩，劬勞之德，即至驕悍不馴之夫，清夜思之，亦當憮然於心。親睦和順，人之大利，逆亂兵刑，人之大患，去患就利，舍孝何以。所望讀者因注通經，以經反身躬行曲禮、内則之事，移孝作忠，夙夜匪懈，以佐聖治，不亦休乎？

唐元宗孝經注　詳前。

元氏孝經正義邢氏校　元疏於御注所引舊説，每條別之曰：此依某注，使千載下得以考見家法，審別是非，有保殘守缺之功。此外旁徵古説亦多，其自爲説，推演經旨，時有名言。

阮氏孝經注疏校勘記　自序曰：孝經鄭注久不存，列學官者，係唐元宗御注。唐以前諸儒之説，因藉捃摭以僅存，而當時元行沖義疏，經宋邢昺刪改，亦尚未失其真。學者舍是固無繇闚孝經之門徑也。惟其譌字實繁，元舊有校本，因更屬錢塘監生嚴杰旁披各本，並文苑英華、唐會要諸書，或讎或校，務求其是。元復親酌定之，爲孝經校勘記三卷，釋文校勘記一卷。

引據各本目録

唐石臺孝經四軸。顧炎武金石文字記云：「石刻孝經今在西安府儒學前，第二行題曰：『御製序并注及書。』其下小字曰：『皇大子臣亨奉勅題額。』後有天寶四載九月一日銀青光禄大夫、國子祭酒、上柱國臣李齊古上表，及元宗御批大字草書三十八字，其下有特進、行尚書左僕射兼右相、吏部尚書、集賢院學士修國史、上柱國、晉國公臣林甫等四十五人，惟林甫以左僕射不書姓。經、序、注俱八分書，其額曰：『大唐開元、天寶聖文神武皇帝注孝經。』臺中間人名下攙入『丁酉歲八月廿六日紀』九字，是後人所添。是歲乙酉，非丁酉也。又末二行官銜不書臣，亦可疑。

唐石經孝經一卷

宋熙寧石刻孝經一卷是本張南軒所書，不分章，每行十一字。末題熙寧壬子八月壬寅書。付姪慥收。時鄭之廢寺，居東齊南軒題。

南宋相臺本孝經一卷宋岳珂刊，每半葉八行，行十七字。注文雙行，附音釋，卷末有木刻引形篆書。相臺岳氏刻梓，荆溪家塾印。

正德本孝經注疏九卷是本刊于明正德六年。每半葉十行，行十七字，注疏每格雙行，行廿三字。經文下載注，不標注字。正義冠大疏字於上，每葉之末上題篇識，皆元泰定閒刊本舊式。錯字甚多，今校正義無別本可據，記中所稱此本者，即據是刻而言。

閩本孝經注疏九卷明嘉靖閩中御史李元陽刻。分卷同正德本，每半葉九行，每章首行廿一字，餘低一格，每行二十字，注同。正義雙行，每行亦二十字。詳春秋左傳注疏校勘記。

重修監本孝經注疏九卷明萬歷十四年刊。分卷同正德本，詳春秋左傳注疏校勘記。

毛本孝經注疏九卷明崇禎己巳常熟汲古閣毛晉刊。分卷同正德本，詳春秋左傳注疏校勘記。

阮氏福孝經義疏補　所引古説於學者身心頗多禆益，不可以其淺而忽之。

黄氏孝經集傳　忠端學貫天人，行完忠孝。此書廣大精微，憂深思遠，宏辭眇指，學者一時或難究詳要，其深切著明之義，固如揭日月而行，要旨所輯，其一隅也。